赵国明 ▣ 主编

U0215343

天津
Pictorial Handbook of
Wild Plants in Mountainous Area
of Tianjin

山区野生植物图鉴

中国林业出版社

前 言
FOREWORD

　　野生植物是原生地天然生长的植物,是重要的自然资源和环境要素，对于维持生态平衡和发展经济具有重要作用。

　　蓟县处于南北植物区系的一个过渡地带，复杂多样和优越的地理环境，以及自然、人文因素，形成了蓟县丰富的野生植物资源，是天津市野生植物及资源植物集中分布的地方。据蓟县林业局调查，目前拥有高等植物1189种，其中列入中国稀有濒危红皮书的植物有黄檗、喙核桃、青檀、水曲柳、刺五加、草苁蓉、肉苁蓉、野大豆、黄耆、明党参、胡桃楸、蒙古黄芪、莢膜黄芪、榔榆14种，成为天津市极为珍贵的自然瑰宝。

　　党的十八大报告首次提出必须树立尊重自然、顺应自然、保护自然的生态文明理念。为让社会充分认识、了解蓟县的野生植物资源，自2013年开始，蓟县林业局组织专家和摄影家对蓟县山区野生植物进行了广泛调查、拍摄，植物专家则系统介绍这些野生植物的形态特征和生长习性，编写了《天津山区野生植物图鉴》。

　　《天津山区野生植物图鉴》共收集植物106科344属545种，

其中蕨类植物5科5属5种，裸子植物3科6属6种，被子植物98科333属534种。在科的排列上，蕨类植物按照秦仁昌系统（1978年），裸子植物按照郑万钧系统（1978年），被子植物按照恩格勒系统（1936年）。在内容上，本书对每一物种的植株、根、茎、叶、花、果实等的形态特征及生境等做了简要介绍。物种名称主要参照《中国植物志》进行核对，物种按科的顺序排序，同一科中的不同属、同一属中的不同种均按字母升序排列。原则上，物种中文名只选一个通用名称作为正名，个别重要的物种在正名后列出了一个异名，用"（ ）"注明，如硕桦（黄桦）*Betula costata*，"黄桦"是"硕桦"的异名。

全书图文并茂，内容丰富，通俗易懂，既是生物多样性的集中展示，又是林业工作者多年来尊重自然、顺应自然、保护自然成果的经验总结。本书的出版对唤醒人们的生态保护意识和对大自然的热爱具有十分重要的意义。

本书的编写，得到了北京林业大学张志翔教授的悉心指导和支持，他对全书进行仔细审读，付出了辛劳。同时，参与本书文字修改及图片整理工作的还有北京林业大学相关专业的学生。他们为本书的出版都做出了很多贡献，在此一并表示谢意！

编者
2016年3月

目 录
CONTENTS

被子植物ANGIOSPERMAE

蕨类植物
PTERIDOPHYTA

银粉背蕨 *Aleuritopteris argentea*

中国蕨科 Sinopteridaceae　　粉背蕨属 *Aleuritopteris*

根状茎直立或斜升。叶簇生，叶柄红棕色、有光泽，上部光滑，基部疏被棕色披针形鳞片；叶片五角形，长宽几相等，先端渐尖，羽片 3~5 对，基部三回羽裂，中部二回羽裂，上部一回羽裂；基部 1 对羽片直角三角形；叶干后草质或薄革质，上面褐色、光滑，叶脉不显，下面被乳白色或淡黄色粉末，裂片边缘有明显而均匀的细齿牙。孢子囊群较多。生于石灰岩质石缝中。

麦秆蹄盖蕨 *Athyrium fallaciosum*

■ 蹄盖蕨科 Athyriaceae　■ 蹄盖蕨属 *Athyrium*

　　根状茎横卧，先端斜升，密被深褐色、钻状披针形的鳞片。叶簇生；能育叶深褐色，密被与根状茎上同样的鳞片，向上较光滑，禾秆色；叶片近倒披针形，一回羽状，羽片深羽裂；叶脉两面明显，在裂片上为羽状，侧脉 3~4 对，单一或偶有分叉；叶干后草质，绿色或褐绿色，光滑；叶轴禾秆色，偶被褐色披针形的鳞片。生于山谷林下或阴湿岩石缝中。

有柄石韦 *Pyrrosia petiolosa*

水龙骨科 Polypodiaceae   水龙骨属 *Pyrrosia*

　　根状茎细长横走。幼时密被披针形棕色鳞片，鳞片长尾状渐尖头，边缘具睫毛；叶具长柄，基部被鳞片，向上被星状毛，棕色或灰棕色；叶片椭圆形，急尖短钝头，基部楔形，干后厚革质，全缘，上面灰淡棕色，有洼点，下面被厚层星状毛，初为淡棕色，后为砖红色；主脉下面稍隆起，上面凹陷。孢子囊群布满叶片下面，成熟时扩散并汇合。多附生于干旱裸露岩石上。

中华卷柏 *Selaginella sinensis*

卷柏科 Selaginellaceae ✿ 卷柏属 *Selaginella*

匍匐植物。根托在主茎上断续着生，根多分叉，光滑。主茎通体羽状分枝，无关节，茎圆柱状，不具纵沟，光滑无毛。叶全部交互排列，纸质，表面光滑，具白边；分枝上的腋叶对称。孢子叶穗紧密，四棱柱形，单个或成对生于小枝末端；孢子叶一形，卵形，边缘具睫毛，有白边，先端急尖，龙骨状；大孢子白色；小孢子橘红色。生于灌丛岩石上或土坡上。

问荆 *Equisetum arvense*

木贼科 Equisetaceae　　木贼属 *Equisetum*

　　中小型植物。根茎斜升，直立和横走，黑棕色，节和根密生黄棕色长毛或光滑无毛。枝二型，能育枝黄棕色，无轮茎分枝，脊不明显，鞘筒栗棕色或淡黄色；不育枝绿色，轮生分枝多，主枝中部以下有分枝，脊的背部弧形、无棱、有横纹、无小瘤。孢子囊穗圆柱形，顶端钝，成熟时柄伸长。生于石砾地、荒地上。

裸子植物

GYMNOSPERMAE

银杏 *Ginkgo biloba*

🌿 银杏科 Ginkgoaceae 🌱 银杏属 *Ginkgo*

　　落叶乔木。枝近轮生，斜上伸展，1 年生的长枝淡褐黄色，2 年生以上变为灰色，并有细纵裂纹；短枝密被叶痕，黑灰色。叶扇形，有长柄，淡绿色，无毛，有多数叉状并列细脉。球花雌雄异株，单性，生于短枝顶端的鳞片状叶腋内，呈簇生状；雄球花柔荑花序状，下垂；雌球花具长梗，梗端常分两叉。种子具长梗，下垂。花期 3~4 月，种子 9~10 月成熟。常栽培。

落叶松 *Larix gmelinii*

松科 Pinaceae　　落叶松属 *Larix*

落叶乔木。树皮纵裂成鳞片状剥离，剥落后内皮呈紫红色。冬芽近圆球形，芽鳞暗褐色。叶倒披针状条形。球果幼时紫红色，成熟前卵圆形或椭圆形，成熟时上部的种鳞张开，黄褐色、褐色或紫褐色；种子斜卵圆形，灰白色，具淡褐色斑纹。花期5~6月，球果9月成熟。生于干燥的阳坡、湿润的河谷或山顶缓坡。

白杆 *Picea meyeri*

松科 Pinaceae ● 云杉属 *Picea*

常绿乔木。树皮灰褐色，裂成不规则的薄块片脱落。大枝近平展，树冠塔形；小枝有密生或疏生短毛或无毛。主枝之叶常辐射伸展，侧枝上面之叶伸展，两侧及下面之叶向上弯伸，四棱状条形，微弯曲，先端钝尖或钝，横切面四棱形，四面有白色气孔线。球果成熟前绿色，熟时褐黄色。花期4月，球果9~10月成熟。生于气温较低、雨量及湿度较高的森林地带。庭园多栽培。

油松 *Pinus tabulaeformis*

松科 Pinaceae　　松属 *Pinus*

常绿乔木。针叶 2 针一束，深绿色，粗硬，两面具气孔线。雄球花圆柱形，在新枝下部聚生成穗状。球果卵形或圆卵形有短梗，向下弯垂，成熟前绿色，熟时淡黄色或淡褐黄色，常宿存；中部种鳞近矩圆状倒卵形，鳞盾肥厚、隆起或微隆起。种子连翅长 1.5~1.8cm。花期 4~5 月，球果翌年 10 月成熟。喜光，耐瘠薄，生于山坡上。

圆柏 *Juniperus chinensis*

柏科 Cupressaceae　　刺柏属 *Juniperus*

　　常绿乔木。树皮灰褐色，纵裂，裂成不规则的薄片脱落。生鳞叶的小枝近圆柱形或近四棱形；叶二型，即刺叶及鳞叶；刺叶生于幼树之上，老龄树则全为鳞叶，壮龄树兼有刺叶与鳞叶。雌雄异株，稀同株，雄球花黄色，椭圆形。球果近圆球形，熟时暗褐色，被白粉或白粉脱落。种子卵圆形。生于中性土、钙质土及微酸性土上。常栽培。

侧柏 *Platycladus orientalis*

柏科 Cupressaceae　　侧柏属 *Platycladus*

　　常绿乔木。树皮纵裂成条片。枝条向上伸展或斜展，幼树树冠卵状尖塔形，老树树冠则为广圆形。生鳞叶的小枝细，向上直展或斜展，扁平，排成一平面；叶鳞形。雄球花黄色；雌球花近球形，蓝绿色，被白粉；球果近卵圆形，蓝绿色，被白粉，成熟后木质，开裂，红褐色。种子卵圆形，顶端微尖。花期 3~4 月，球果 10 月成熟。生于石灰岩山地，耐瘠薄。

被子植物
ANGIOSPERMAE

加杨 *Populus × canadensis*

杨柳科 Salicaceae　杨属 *Populus*

大乔木，高30多米。树干直，树皮粗厚，深纵裂，树冠卵形；小枝圆柱形；芽大，先端反曲，富黏质。叶三角形或三角状卵形，一般长大于宽，有圆锯齿；叶柄侧扁而长，带红色。花单性，雌雄异株；雄花序苞片淡绿褐色，不整齐，丝状深裂，花盘淡黄绿色，全缘，花丝细长；雌花序有花45~50朵，柱头4裂。蒴果卵圆形，先端锐尖，2~3瓣裂。花期4月，果期5~6月。常栽培。

山杨 *Populus davidiana*

杨柳科 Salicaceae ✿ 杨属 *Populus*

　　乔木。树皮光滑灰绿色或灰白色，老树基部黑色粗糙；树冠圆形。小枝圆筒形，光滑，赤褐色，萌枝被柔毛。芽卵形或卵圆形，无毛，微有黏质。叶三角状卵圆形或近圆形，长宽近等，边缘有密波状浅齿，下面被柔毛；叶柄侧扁。花单性，雌雄异株；花序轴有疏毛或密毛；苞片棕褐色，掌状条裂，边缘有密长毛。蒴果卵状圆锥形，有短柄，2瓣裂。花期3~4月，果期4~5月。生于山坡、山脊和沟谷地带。

 **毛白杨** *Populus tomentosa*

⌈杨柳科 Salicaceae　⊕杨属 *Populus*

　　高大乔木。树皮幼时暗灰色，壮时灰绿色，老时基部黑灰色，纵裂。芽卵形，花芽卵圆形或近球形，微被毡毛。长枝叶边缘深齿牙缘或波状齿牙缘，上面暗绿色，光滑，下面密生毡毛，后渐脱落；短枝叶较小，上面暗绿色有金属光泽，下面光滑，具深波状齿牙缘。花单性，雌雄异株；苞片褐色，尖裂。蒴果圆锥形或长卵形，2 瓣裂。花期 3 月，果期 5 月。生于林缘路旁。

垂柳 *Salix babylonica*

杨柳科 Salicaceae ● 柳属 *Salix*

乔木。枝细，下垂，淡褐黄色、淡褐色或带紫色。叶狭披针形或线状披针形，上面绿色，下面色较淡，锯齿缘。花单性，雌雄异株；花序先叶开放，或与叶同时开放；雄蕊 2，腺体 2；雌花序苞片披针形，外面有毛，腺体 1。蒴果带绿黄褐色。花期 3~4月，果期 4~5 月。生于路旁、水边。

旱柳 *Salix matsudana*

杨柳科 Salicaceae　　柳属 *Salix*

　　乔木。枝细长，直立或斜展，浅褐黄色或带绿色，后变褐色，无毛，幼枝有毛。叶披针形，上面绿色，无毛，有光泽，下面苍白色或带白色，有细腺锯齿缘，幼叶有丝状柔毛；叶柄短。花单性，雌雄异株；花序与叶同时开放；雄花序圆柱形；雌花序较雄花序短。花期 4 月，果期 4~5 月。生于林缘路旁。

中国黄花柳 *Salix sinica*

🔹 杨柳科 Salicaceae　　🔹 柳属 *Salix*

　　灌木或小乔木。叶形多变化，多为椭圆形、椭圆状披针形，上面暗绿色，下面发白色，多全缘。萌枝或小枝上部的叶较大，并常有皱纹，边缘有不规整的牙齿。花单性，雌雄异株；花先叶开放；雄花序无梗，开花顺序，自上往下，雄蕊 2，仅 1 腺，近方形，腹生；雌花序短圆柱形，基部有 2 具绒毛的鳞片，仅 1 腹腺。蒴果线状圆锥形。花期 4 月下旬，果期 5 月下旬。生于山坡或林中。

麻核桃 *Juglans hopeiensis*

胡桃科 Juglandaceae   胡桃属 *Juglans*

乔木。叶柄及叶轴被短柔毛；小叶长椭圆形至卵状椭圆形，上面深绿色，无毛，下面淡绿色，脉上有短柔毛。花单性，雌雄同株；雄花序轴有稀疏腺毛。果序具 1~3 个果；果实近球状；果核近于球状，顶端具尖头，有 8 条纵棱脊，其中 2 条较突出。花期 5 月，果期 8~9 月。生于沟谷旁或山坡上。

胡桃楸 *Juglans mandshurica*

胡桃科 Juglandaceae　胡桃属 *Juglans*

乔木。奇数羽状复叶；小叶边缘具细锯齿，上面初被有稀疏短柔毛，深绿色，下面色淡，被贴伏的短柔毛及星芒状毛。花单性，雌雄同株；雄花序轴被短柔毛；雌性穗状花序，花序轴被有茸毛，雌花被有茸毛，下端被腺质柔毛。果序通常具 5~7 个果，序轴被短柔毛。果实球状、卵状或椭圆状，顶端尖，密被腺质短柔毛。花期 5 月，果期 8~9 月。生于土质肥厚、湿润、排水良好的沟谷两旁或山坡的阔叶林中。

核桃 *Juglans regia*

胡桃科 Juglandaceae · 胡桃属 *Juglans*

乔木。叶柄及叶轴幼时被有极短腺毛及腺体；小叶通常 5~9 枚，稀 3 枚，椭圆状卵形至长椭圆形，边缘全缘或在幼树上者具稀疏细锯齿，上面深绿色，无毛，下面淡绿色，腋内具簇短柔毛。花单性，雌雄异株；雄花苞片、小苞片及花被片均被腺毛；雌花序通常具 1~3(~4) 雌花，雌花的总苞被极短腺毛。具 1~3 个果，果实近于球状。花期 5 月，果期 10 月。生于山坡及路旁。

硕桦（黄桦）*Betula costata*

■ 桦木科Betulaceae　◆ 桦木属 *Betula*

乔木。树皮黄褐色或暗褐色，层片状剥裂。枝条红褐色，无毛。叶厚纸质，边缘具细尖重锯齿，下面具或疏或密的腺点，沿脉疏被长柔毛。花单性，雌雄异株；果序单生，直立或下垂，矩圆形；果苞边缘具纤毛，中裂片长矩圆形，顶端钝，侧裂片矩圆形或近圆形，顶端圆；小坚果倒卵形，膜质翅宽仅为果的1/2。生于山坡或散生于针叶阔叶混交林中。

黑桦 *Betula dahurica*

桦木科 Betulaceae　　桦木属 *Betula*

乔木。树皮黑褐色，龟裂。枝条红褐色或暗褐色，光亮，无毛。叶厚纸质，边缘具不规则的锐尖重锯齿，上面无毛，下面密生腺点，沿脉疏被长柔毛。花单性，雌雄同株；果序矩圆状圆柱形，单生，直立或微下垂；果苞边缘具纤毛，基部宽楔形，上部三裂；小坚果宽椭圆形，两面无毛，膜质翅宽约为果的1/2。生于土层较厚的阳坡、杂木林下。

白桦 *Betula platyphylla*

🔹 桦木科 Betulaceae 　🔹 桦木属 *Betula*

　　乔木。树皮灰白色，成层剥裂。枝条暗灰褐色，无毛。叶厚纸质，三角状卵形、三角状菱形或三角形；顶端锐尖至尾状渐尖，基部截形，边缘具重锯齿。果序单生，圆柱形或矩圆状圆柱形，常下垂；小坚果狭矩圆形、矩圆形或卵形，背面疏被短柔毛，膜质翅较果长 1/3，与果等宽或较果稍宽。生于山坡或林中。

鹅耳枥 *Carpinus turczaninowii*

桦木科 Betulaceae　　鹅耳枥属 *Carpinus*

乔木。树皮暗灰褐色，粗糙，浅纵裂。枝细瘦，灰棕色，无毛；小枝被短柔毛。叶卵形、宽卵形，边缘具规则或不规则的重锯齿，上面无毛或沿中脉疏生长柔毛，下面沿脉通常疏被长柔毛；叶柄疏被短柔毛。花单性，雌雄同株；雄花组成柔荑花序；雌花序生枝顶。果序梗、序轴均被短柔毛；小坚果宽卵形，无毛，着生于叶状果苞基部。生于山坡或山谷林中。

榛 *Corylus heterophylla*

桦木科 Betulaceae　榛属 *Corylus*

灌木或小乔木。小枝密被短柔毛。叶顶端凹缺或截形,中央具三角状突尖。花单性,雌雄同株;雄花组成柔荑花序,单生;雌花序为头状。果单生或 2~6 枚簇生成头状;果苞钟状,外面具细条棱,密被短柔毛兼有疏生的长柔毛,密生刺状腺体;果序梗密被短柔毛;坚果近球形。花期 4~5 月,果期 9~10 月。生于山地阴坡灌丛中。

毛榛 *Corylus mandshurica*

桦木科Betulaceae　榛属 *Corylus*

灌木。小枝被长柔毛，下部的毛较密。叶顶端骤尖或尾状，中部以上具浅裂或缺刻。花单性，雌雄同株；雄花序为柔荑花序，2~4 枚排成总状，苞鳞密被白色短柔毛；雌花序为头状。果单生或 2~6 枚簇生；果苞管状，在坚果上部缢缩；坚果几球形，顶端具小突尖，外面密被白色绒毛。花期 4~5 月，果期 9~10 月。生于山坡灌丛或林下。

栗（板栗）*Castanea mollissima*

壳斗科 Fagaceae　栗属 *Castanea*

乔木。托叶长圆形；叶椭圆至长圆形顶部短至渐尖，基部近截平或圆，或两侧稍向内弯而呈耳垂状，常一侧偏斜而不对称；叶柄长 12cm。花单性，雌雄同株；雄花序花序轴被毛；花聚簇生，雌花 1~3 (~5) 朵发育结实，花柱下部被毛。成熟壳斗的锐刺有长有短，有疏有密，密时全遮蔽壳斗外壁，疏时则外壁可见。花期 4~6 月，果期 8~10 月。野生少见，常栽培。

麻栎 *Quercus acutissima*

⬛ 壳斗科 Fagaceae　　❋ 栎属 *Quercus*

　　落叶乔木。冬芽圆锥形，被柔毛。叶片形态多样，通常为长椭圆状披针形，叶缘有刺芒状锯齿，叶片两面同色。花单性，雌雄同株；雄花序集生于当年生枝下部叶腋，有花1~3朵，壳斗杯形，包着坚果约1/2；小苞片钻形或扁条形，向外反曲，被灰白色绒毛。坚果卵形或椭圆形，顶端圆形，果脐突起。花期3~4月，果期翌年9~10月。生于山地阳坡，成小片纯林或混交林。

槲树（柞栎）*Quercus dentata*

🔷 壳斗科 Fagaceae 🔶 栎属 *Quercus*

　　落叶乔木。叶片叶面深绿色，基部耳形，叶缘波状裂片或粗锯齿，叶背面密被灰褐色星状绒毛；叶柄密被棕色绒毛。花单性，雌雄同株；雄花序生于新枝叶腋，花序轴密被淡褐色绒毛；雌花序生于新枝上部叶腋。壳斗杯形，包着坚果的 1/3~1/2；小苞片革质，红棕色，外面被褐色丝状毛；坚果有宿存花柱。花期 4~5 月，果期 9~10 月。生于杂木林或松林中。

辽东栎 *Quercus liaotungensis*

⬧壳斗科 Fagaceae ⊕栎属 *Quercus*

　　落叶乔木。幼枝绿色。叶片倒卵形至长倒卵形，幼时沿脉有毛，老时无毛，叶缘具 5~7 对圆齿。花单性，雌雄异株；雄花序生于新枝基部；雌花序生于新枝上端叶腋。壳斗浅杯形，半包坚果；小苞片长三角形，扁平微突起，被稀疏短绒毛；坚果卵形至卵状椭圆形，顶端有短绒毛；果脐微突起。花期 4~5 月，果期 9 月。生于山坡或杂木林中。

蒙古栎 *Quercus mongolica*

壳斗科 Fagaceae　栎属 *Quercus*

落叶乔木。叶片倒卵形至长倒卵形，叶缘具 7~11 对钝齿或粗齿。花单性，雌雄异株；雄花序生于新枝下部；雌花序生于新枝上端叶腋。壳斗杯形，半包坚果，壳斗外壁小苞片三角状卵形，呈半球形瘤状突起，密被灰白色短绒毛，伸出口部边缘呈流苏状；坚果卵形至长卵形，无毛，果脐微突起。花期 4~5 月，果期 9 月。生于山坡或山顶。

栓皮栎 *Quercus variabilis*

壳斗科 *Fagaceae* ⬤ 栎属 *Quercus*

　　落叶乔木。芽圆锥形，芽鳞褐色，具缘毛。叶缘具刺芒状锯齿，叶背密被灰白色星状绒毛。雄花序轴密被褐色绒毛；花单性，雌雄同株；雌花序生于新枝上端叶腋。壳斗杯形，半包坚果；小苞片钻形，反曲，被短毛。坚果近球形或宽卵形，顶端圆，果脐突起。花期 3~4 月，果期翌年 9~10 月。常成片生于较缓的阳坡。

黑弹树（小叶朴）*Celtis bungeana*

榆科 Ulmaceae　　朴属 *Celtis*

　　落叶乔木。树皮灰色或暗灰色。当年生小枝淡棕色，上年生小枝灰褐色。冬芽棕色或暗棕色。叶厚纸质，狭卵形、长圆形、卵状椭圆形至卵形；叶柄淡黄色。花杂性，簇生，单被花，雄蕊与花被同数。果单生叶腋，果梗长于叶柄，果成熟时蓝黑色，近球形。花期 4~5 月，果期 10~11 月。生于路旁、山坡、灌丛。

大叶朴 *Celtis koraiensis*

🌿榆科 Ulmaceae　　🌸朴属 *Celtis*

　　落叶乔木。树皮灰色或暗灰色，浅微裂。当年生小枝散生小而微凸、椭圆形的皮孔。冬芽深褐色，内部鳞片具棕色柔毛。叶椭圆形至倒卵状椭圆形，边缘具粗锯齿，两面无毛。花杂性。果单生叶腋，果近球形至球状椭圆形，成熟时橙黄色至深褐色；核球状椭圆形，灰褐色。花期 4~5 月，果期 9~10 月。生于山坡、沟谷林。

刺榆 *Hemiptelea davidii*

榆科 Ulmaceae   刺榆属 *Hemiptelea*

　　小乔木或呈灌木状。具粗而硬的枝刺。叶边缘有整齐的粗锯齿，叶脱落残留有稍隆起的圆点，侧脉斜直出至齿尖；托叶矩圆形、长矩圆形或披针形，边缘具睫毛。小坚果黄绿色，斜卵圆形，两侧扁，在背侧具窄翅，形似鸡头，翅端渐狭呈缘状，果梗纤细。花期 4~5 月，果期 9~10 月。生于坡地次生林中，也常见于村落路旁。

黑榆 *Ulmus davidiana*

榆科 Ulmaceae　◆ 榆属 *Ulmus*

　　落叶乔木或小乔木。小枝有时具向四周膨大而不规则纵裂的木栓层。叶倒卵形，叶面平滑，基部歪斜；边缘具重锯齿。单被花在上年生枝上排成簇状聚伞花序。翅果倒卵形或近倒卵形，果核部分常被密毛，或被疏毛，位于翅果中上部或上部，上端接近缺口，宿存花被无毛，裂片 4，果梗被毛。花果期 4~5 月。生于石灰岩山地及谷地。

大果榆  *Ulmus macrocarpa*

榆科 Ulmaceae　　榆属 *Ulmus*

　　落叶乔木或灌木。树皮暗灰色或灰黑色，纵裂。一二年生枝淡褐黄色或淡黄褐色。叶宽倒卵形、倒卵状圆形、倒卵状菱形或倒卵形，叶面粗糙，边缘具大而浅钝的重锯齿。单被花在上年生枝上排成簇状聚伞花序，或散生于新枝的基部。翅果宽倒卵状圆形、近圆形或宽椭圆形。花果期4~5月。生于山坡、谷地及岩石缝中。

榔榆 *Ulmus parvifolia*

榆科 Ulmaceae 榆属 *Ulmus*

　　落叶乔木。或冬季叶变为黄色或红色宿存至翌年新叶开放后脱落。树干基部有时成板根状。叶缘从基部至先端有钝而整齐的单锯齿，稀重锯齿。花 3~6 数在叶腋簇生或排成簇状聚伞花序，花被片 4，花被片脱落或残存。翅果椭圆形或卵状椭圆形，果翅稍厚，两侧的翅较果核部分为窄，果核部分位于翅果的中上部，上端接近缺口。花果期 8~10 月。生于平原、丘陵、山坡及谷地。

榆（白榆） *Ulmus pumila*

榆科 Ulmaceae　榆属 *Ulmus*

落叶乔木。叶椭圆状卵形、长卵形、椭圆状披针形或卵状披针形，叶面平滑无毛，边缘具重锯齿或单锯齿。花先叶开放，在上年生枝的叶腋成簇生状。翅果近圆形，成熟前后其色与果翅相同，初淡绿色，后白黄色。花果期3~6月。生于山坡、山谷处。

杜仲 *Eucommia ulmoides*

杜仲科 Eucommiaceae　　杜仲属 *Eucommia*

　　落叶乔木。树皮灰褐色，粗糙，内含橡胶，折断拉开有多数细丝。芽体卵圆形，外面发亮，红褐色。叶椭圆形、卵形或矩圆形，薄革质，基部圆形或阔楔形，先端渐尖。花单性，雌雄异株，无被；生于当年枝基部，雄花具 8 个条状雄蕊；雌花单生。翅果扁平，长椭圆形，周围具薄翅；坚果位于中央，稍突起。早春开花，秋后果实成熟。生于谷地或低坡的疏林。

构树（楮树）*Broussonetia papyrifera*

桑科 Moraceae　构属 *Broussonetia*

　　乔木。树皮暗灰色。小枝密生柔毛。叶螺旋状排列，广卵形至长椭圆状卵形，两侧常不相等，边缘具粗锯齿，不分裂或3~5裂，表面粗糙，疏生糙毛，背面密被绒毛，基生三出脉。花雌雄异株；雄花序为柔荑花序，雄蕊4枚，花药近球形，退化雌蕊小；雌花序球形头状，苞片棍棒状。聚花果成熟时橙红色，肉质。花期4~5月，果期6~7月。生于荒地、路旁。

葎草 *Humulus scandens*

桑科 Moraceae ◆葎草属 *Humulus*

　　缠绕草本。茎、枝、叶柄均具倒钩刺。叶纸质，肾状五角形，掌状 5~7 深裂，基部心脏形，表面粗糙，背面有柔毛和黄色腺体，裂片卵状三角形，边缘具锯齿。雄花小，黄绿色，圆锥花序；雌花序球果状，苞片纸质，三角形，顶端渐尖，具白色绒毛；子房为苞片包围，柱头 2，伸出苞片外。瘦果成熟时露出苞片外。花期 4~6 月，果期 6~8 月。常生于沟边、荒地、林缘。

桑（家桑）*Morus alba*

桑科 Moraceae 桑属 *Morus*

乔木或灌木状。树皮厚，灰色，具不规则浅纵裂。小枝有细毛。冬芽红褐色，卵形，芽鳞覆瓦状排列，灰褐色。叶卵形或广卵形，先端急尖、渐尖或圆钝，基部圆形至浅心形，边缘锯齿粗钝。花单性，腋生或生于芽鳞腋内，与叶同时生出；雌雄花序均为柔荑花序，花序轴被白毛；雌花花柱短。聚花果卵状椭圆形，成熟时红色、白色或暗紫色。花期 4~5 月，果期 5~8 月。生于田边、路旁。

华桑 *Morus cathayana*

桑科 Moraceae　　桑属 *Morus*

　　小乔木或灌木状。树皮灰白色，平滑。小枝幼时被细毛，成长后脱落，皮孔明显。叶厚纸质，广卵形或近圆形，基部沿叶脉被柔毛，背面密被白色柔毛。花雌雄同株异序，雄花花被片4个，黄绿色，长卵形，外面被毛，雄蕊4枚；雌花花被片倒卵形，先端被毛，花柱短，柱头2裂，内面被毛。聚花果圆筒形，成熟时白色、红色或紫黑色。花期4~5月，果期5~6月。常生于向阳山坡或沟谷。

蒙桑 *Morus mongolica*

桑科 Moraceae　桑属 *Morus*

小乔木或灌木。树皮灰褐色，纵裂。小枝暗红色，老枝灰黑色。冬芽卵圆形，灰褐色。叶长椭圆状卵形，边缘具三角形单锯齿，齿尖有长刺芒，两面无毛。雄花花被暗黄色，外面及边缘被长柔毛；雌花序短圆柱状，总花梗纤细；雌花花被片外面上部疏被柔毛，或近无毛；花柱长，柱头2裂，里面密生乳头状突起。聚花果成熟时红色至紫黑色。花期3~4月，果期4~5月。生于山地或疏林中。

蝎子草 *Girardinia cuspidata*

荨麻科 Urtiaceae ● 蝎子草属 *Girardinia*

　　一年生草本。茎麦秆色或紫红色疏生刺毛和细糙伏毛，几不分枝。叶膜质，近圆形，先端短尾状，基部近圆形，边缘有8~13枚缺刻状的粗牙齿或重牙齿，两面生很少刺毛，基生三出脉。花雌雄同株，雌花序单个或雌雄花序成对生于叶腋；雄花序穗状；雌花序短穗状；团伞花序枝密生刺毛。瘦果宽卵形，熟时灰褐色，有不规则的粗疣点。花期7~9月，果期9~11月。生于林下沟边或住宅旁阴湿处。

透茎冷水花 *Pilea mongolica*

荨麻科 Urticaceae　　冷水花属 *Pilea*

　　一年生草本。茎肉质，直立，无毛。叶近膜质，同对的近等大，近平展，菱状卵形或宽卵形，边缘除基部全缘外，其上有牙齿或牙状锯齿，两面疏生透明硬毛。花雌雄同株并常同序，雄花常生于花序的下部，花序蝎尾状，密集，生于几乎每个叶腋。瘦果三角状卵形，扁，常有褐色或深棕色斑点。花期 6~8 月，果期 8~10 月。生于山坡林下或岩石缝阴湿处。

荞麦 *Fagopyrum esculentum*

蓼科 Polygonaceae   荞麦属 *Fagopyrum*

　　一年生草本。茎直立，上部分枝，绿色或红色，具纵棱。叶三角形或卵状三角形。花序总状或伞房状，顶生或腋生；苞片卵形，绿色，边缘膜质，每苞内具 3~5 花；花梗比苞片长，花被 5 深裂，白色或淡红色。瘦果卵形，具 3 锐棱，暗褐色。花期 5~9 月，果期 6~10 月。生于荒地、路边。

齿翅蓼 *Fallopia dentatoalata*

蓼科 Polygonaceae ● 何首乌属 *Fallopia*

　　一年生草本。茎缠绕，具纵棱，沿棱密生小突起。叶卵形或心形，边缘全缘，具小突起；叶柄具纵棱及小突起。花序总状，腋生或顶生，花排列稀疏，间断，具小叶；苞片漏斗状，每苞内具 4~5 花；花被 5 深裂，红色。瘦果椭圆形，具 3 棱，黑色，密被小颗粒，微有光泽，包于宿存花被内。花期 7~8 月，果期 9~10月。生于山坡、草丛、山谷、湿地。

萹蓄 *Polygonum aviculare*

🌿 蓼科 Polygonaceae 🌱 蓼属 *Polygonum*

一年生草本。茎平卧、上升或直立，自基部多分枝，具纵棱。叶椭圆形，狭椭圆形或披针形，边缘全缘；叶柄短或近无柄，基部具关节。花单生或数朵簇生于叶腋；苞片薄膜质；花被片椭圆形，绿色，边缘白色或淡红色。瘦果卵形，具3棱，黑褐色。花期5~7月，果期6~8月。生于田边、路旁、沟边、湿地。

水蓼 *Polygonum hydropiper*

蓼科 Polygonaceae　蓼属 *Polygonum*

一年生草本。茎节部膨大。叶披针形或椭圆状披针形，边缘全缘，具缘毛，被褐色小点，具辛辣味，叶腋具闭花受精花；通常托叶鞘内藏有花簇。总状花序呈穗状，顶生或腋生，通常下垂，花稀疏，下部间断；花被绿色，上部白色或淡红色，被黄褐色透明腺点。花期5~9月，果期6~10月。生于河滩、水沟边、山谷、湿地。

酸模叶蓼 *Polygonum lapathifolium*

蓼科 Polygonaceae　蓼属 *Polygonum*

一年生草本。茎节部膨大。叶披针形或宽披针形，上面绿色，常有1个大的黑褐色新月形斑点，两面沿中脉被短硬伏毛，全缘，边缘具粗缘毛。总状花序呈穗状，顶生或腋生，近直立，花紧密，通常由数个花穗再组成圆锥状；花被淡红色或白色。花期6~8月，果期7~9月。生于田边、路旁、荒地或沟边、湿地。

长鬃蓼 *Polygonum longisetum*

蓼科 Polygonaceae   蓼属 *Polygonum*

一年生草本。茎直立、上升或基部近平卧,自基部分枝,节部稍膨大。叶披针形或宽披针形,上面近无毛,下面沿叶脉具短伏毛,边缘具缘毛。总状花序呈穗状,顶生或腋生,细弱,下部间断,直立;花被淡红色或紫红色。花期 6~8,果期 7~9 月。生于山谷、河边、草地。

尼泊尔蓼 *Polygonum nepalense*

蓼科 Polygonaceae   蓼属 *Polygonum*

一年生草本。茎自基部多分枝。茎下部叶卵形或三角状卵形，沿叶柄下延成翅；叶柄抱茎；托叶鞘基部具刺毛。花序头状，顶生或腋生，基部常具 1 叶状总苞片，每苞内具 1 花；花被通常 4 裂，淡紫红色或白色，花药暗紫色。瘦果宽卵形，双凸镜状，黑色，密生洼点。花期 5~8 月，果期 7~10 月。生于山坡、草地、山谷、路旁。

红蓼（东方蓼） *Polygonum orientale*

🌱 蓼科 Polygonaceae　　🌿 蓼属 *Polygonum*

　　一年生草本。茎直立，粗壮，上部多分枝。叶宽卵形、宽椭圆形或卵状披针形，基部圆形或近心形，微下延，边缘全缘。总状花序呈穗状，顶生或腋生，花紧密，微下垂；苞片宽漏斗状，草质，绿色；花被 5 深裂，淡红色或白色。瘦果近圆形，双凹，黑褐色，有光泽，包于宿存花被内。花期 6~9 月，果期 8~10 月。生于沟边、湿地、村边、路旁。

杠板归 *Polygonum perfoliatum*

蓼科 Polygonaceae ⊕ 蓼属 *Polygonum*

一年生草本。茎攀缘，具纵棱，沿棱具稀疏的倒生皮刺。叶三角形；叶柄具倒生皮刺，盾状着生于叶片的近基部。总状花序呈短穗状，不分枝顶生或腋生；花被 5 深裂，白色或淡红色，花被片椭圆形，果时增大，呈肉质，深蓝色。花期 6~8 月，果期 7~10 月。生于田边、路旁、山谷、湿地。

习见蓼 *Polygonum plebeium*

蓼科 Polygonaceae   蓼属 *Polygonum*

一年生草本。茎平卧，自基部分枝，具纵棱，沿棱具小突起，通常小枝的节间比叶片短。叶狭椭圆形或倒披针形，两面无毛；托叶鞘白色，透明，花簇生于叶腋，遍布于全植株；苞片膜质。花被片长椭圆形，绿色，边缘白色或淡红色。花期5~8月，果期6~9月。生于田边、路旁、水边、湿地。

戟叶蓼 *Polygonum thunbergii*

蓼科 Polygonaceae 　蓼属 *Polygonum*

一年生草本。茎直立或上升，具纵棱，沿棱具倒生皮刺，基部外倾，节部生根。叶戟形，中部裂片卵形或宽卵形，侧生裂片卵形；叶柄具倒生皮刺，通常具狭翅。花序头状，顶生或腋生，分枝；花被 5 深裂，淡红色或白色。瘦果宽卵形，具 3 棱，黄褐色。花期 7~9 月，果期 8~10 月。生于山谷、湿地、山坡、草丛。

虎杖 *Reynoutria japonica*

❀蓼科 Polygonaceae　　◆虎杖属 *Reynoutria*

　　多年生草本。根状茎粗壮，横走。茎散生红色或紫红斑点。叶宽卵形或卵状椭圆形，近革质，边缘全缘，沿叶脉具小突起；叶柄具小突起。花单性，雌雄异株，花序圆锥状，腋生；苞片漏斗状，每苞内具2~4花；花被5深裂，淡绿色，雄蕊8，比花被长；瘦果卵形，具3棱，黑褐色，有光泽。花期8~9月，果期9~10月。生于山坡、灌丛、山谷、路旁、田边、湿地。

药用大黄 *Rheum officinale*

蓼科 Polygonaceae　　大黄属 *Rheum*

　　高大草本。根及根状茎粗壮，内部黄色。茎中空，具细沟棱。基生叶大型，叶片近圆形，掌状浅裂，裂片大齿状三角形；上部叶腋具花序分枝；托叶鞘宽大。大型圆锥花序，绿色到黄白色；花梗细长，关节在中下部；花被片6。果实长圆状椭圆形。种子宽卵形。花期5~6月，果期8~9月。生于山沟或林下。

巴天酸模 *Rumex patientia*

蓼科 Polygonaceae　　酸模属 *Rumex*

　　多年生草本。茎上部分枝。基生叶长圆形或长圆状披针形，顶端急尖，基部圆形或近心形，边缘波状；叶柄粗壮；茎上部叶披针形，较小，具短叶柄或近无柄；托叶鞘筒状，膜质。花序圆锥状，大型；花两性。瘦果卵形，具 3 锐棱，顶端渐尖，褐色，有光泽。花期 5~6 月，果期 6~7 月。生于沟边湿地、水边。

长刺酸模 *Rumex trisetifer*

蓼科 Polygonaceae · 酸模属 *Rumex*

　　一年生草本。茎下部叶长圆形或披针状长圆形顶端急尖，基部楔形，茎上部叶狭披针形。花序总状，具叶，再组成大型圆锥状花序；花两性；花被片黄绿色，外花被片披针形，边缘每侧具1个针刺，直伸或微弯。瘦果椭圆形，具3锐棱，两端尖，黄褐色，有光泽。花期5~6月，果期6~7月。生于田边、湿地、水边、山坡、草地。

垂序商陆 *Phytolacca americana*

商陆科 Phytolaccaceae　　　商陆属 *Phytolacca*

多年生草本。**茎直立**，圆柱形，有时带紫红色。叶片椭圆状卵形或卵状披针形，顶端急尖，基部楔形。总状花序顶生或侧生；花白色，微带红晕；花被片5。果序下垂；浆果扁球形，熟时紫黑色。种子肾圆形。花期6~8月，果期8~10月。生于路旁、河边、水沟。

紫茉莉 *Mirabilis jalapa*

紫茉莉科 Nyctaginaceae　　紫茉莉属 *Mirabilis*

一年生草本。根肥粗，倒圆锥形，黑色或黑褐色。茎直立，圆柱形，多分枝，无毛或疏生细柔毛，节稍膨大。叶片卵形或卵状三角形，顶端渐尖，基部截形或心形，全缘，两面均无毛，脉隆起。花常数朵簇生枝端；花被紫红色、黄色、白色或杂色，高脚碟状；花午后开放，有香气，次日午前凋萎。瘦果球形，革质，黑色，表面具皱纹。花期6~10月，果期8~11月。观赏花卉。

大花马齿苋（太阳花）*Portulaca grandiflora*

🌿 马齿苋科 Portulacaceae　　🌼 马齿苋属 *Portulaca*

　　一年生草本。茎平卧或斜升，紫红色。叶密集枝端，不规则互生，叶片细圆柱形，有时微弯，顶端圆钝。花单生或数朵簇生枝端，日开夜闭；花瓣 5 或重瓣，顶端微凹，红色、紫色或黄白色；花丝紫色，基部合生。蒴果近椭圆形，盖裂。花期 6~9 月，果期 8~11 月。观赏花卉。

马齿苋 *Portulaca oleracea*

马齿苋科 Portulacaceae   马齿苋属 *Portulaca*

　　一年生草本。茎平卧或斜倚，伏地铺散，多分枝，圆柱形，淡绿色或带暗红色。叶互生，有时近对生，叶片扁平，肥厚，倒卵形，似马齿，全缘。花常 3~5 朵簇生枝端，午时盛开；花瓣 5，稀 4，黄色，倒卵形。蒴果卵球形，长约 5mm，盖裂。花期 5~8 月，果期 6~9 月。生于菜园、农田、路旁。田间常见杂草。

石竹 *Dianthus chinensis*

石竹科 Caryophyllaceae　　石竹属 *Dianthus*

多年生草本，全株无毛。茎直立，上部分枝。叶片线状披针形，中脉较显。花单生枝端或数花集成聚伞花序；苞片 4，卵形；花萼有纵条纹，萼齿披针形；花瓣瓣片倒卵状三角形，紫红色、粉红色、鲜红色或白色，顶缘不整齐齿裂，喉部有斑纹；雄蕊露出喉部外，花药蓝色。蒴果圆筒形，包于宿存萼内，顶端 4 裂。花期 5~6 月，果期 7~9 月。生于山坡、草地。

瞿麦 *Dianthus superbus*

🔷石竹科 Caryophyllaceae ➕石竹属 *Dianthus*

多年生草本。茎直立。叶片线状披针形，基部合生成鞘状。花 1 或 2 生枝端；花萼圆筒形，常染紫红色晕，萼齿披针形；花瓣瓣片宽倒卵形，边缘繸裂至中部或中部以上，通常淡红色或带紫色，稀白色，喉部具丝毛状鳞片。蒴果圆筒形，与宿存萼等长或微长，顶端 4 裂。种子扁卵圆形。花期 6~9 月，果期 8~10 月。生于林缘、草甸、沟谷、溪边。

鹅肠菜 *Myosoton aquaticum*

石竹科 Caryophyllaceae　鹅肠菜属 *Myosoton*

二年生或多年生草本，具须根。叶片卵形或宽卵形。顶生二歧聚伞花序；苞片叶状，边缘具腺毛；花梗细，长 1~2cm，花后伸长并向下弯，密被腺毛；花瓣白色，2 深裂至基部，裂片线形或披针状线形；雄蕊稍短于花瓣。蒴果卵圆形，稍长于宿存萼。花期 5~8 月，果期 6~9 月。生于河流两旁低湿处或灌丛林缘和水沟旁。

蔓孩儿参 *Pseudostellaria davidii*

石竹科 Caryophyllaceae　孩儿参属 *Pseudostellaria*

多年生草本。块根纺锤形。茎匍匐，细弱。叶片卵形或卵状披针形。开花受精花单生于茎中部以上叶腋；花瓣5，白色，长倒卵形，全缘；闭花受精花通常1~2朵，腋生。蒴果宽卵圆形，稍长于宿存萼。种子圆肾形或近球形，表面具棘凸。花期5~7月，果期7~8月。生于混交林、杂木林下、溪旁或林缘石质坡。

女娄菜 *Silene aprica*

🌿 石竹科 Caryophyllaceae　🌼 蝇子草属 *Silene*

　　一年生或二年生草本。全株密被灰色短柔毛。圆锥花序较大型；直立；苞片披针形，具缘毛；花萼卵状钟形，近草质，密被短柔毛；花瓣白色或淡红色，爪具缘毛，瓣片倒卵形，2 裂；副花冠片舌状；雄蕊不外露，花丝基部具缘毛。蒴果卵形。花期 5~7 月，果期 6~8 月。生于草甸、沟谷或石缝处。

坚硬女娄菜（粗壮女娄菜） *Silene firma*

🌿石竹科 Caryophyllaceae　　🌸蝇子草属 *Silene*

　　一年生或二年生草本。茎单生或疏丛生，粗壮，直立，不分枝。假轮伞状间断式总状花序；花梗直立；苞片狭披针形；花萼卵状钟形；花瓣白色，不露出花萼，爪倒披针形，瓣片轮廓倒卵形，2裂；副花冠片小，具不明显齿；雄蕊内藏。蒴果长卵形。种子圆肾形具棘凸。花期6~7月，果期7~8月。生于草坡、灌丛或林缘草地。

银柴胡 *Stellaria dichotoma* var. *lanceolata*

石竹科 Caryophyllaceae 繁缕属 *Stellaria*

多年生草本，全株呈扁球形，被腺毛。茎丛生，多次二歧分枝，被腺毛或短柔毛。叶片线状披针形、披针形或长圆状披针形，微抱茎，两面被腺毛或柔毛，稀无毛。聚伞花序顶生，具多数花；花瓣 5，白色，2 深裂至 1/3 处或中部。蒴果宽卵形，6 齿裂，含 1 种子。花期 6~7 月，果期 7~8 月。生于石质山坡或石缝处。

繁缕 *Stellaria media*

石竹科 Caryophyllaceae   繁缕属 *Stellaria*

一年生或二年生草本。茎俯仰或上升，基部多少分枝，常带淡紫红色。叶片宽卵形或卵形，全缘；基生叶具长柄，上部叶常无柄或具短柄。疏聚伞花序顶生；萼片5，外面被短腺毛；花瓣白色，长椭圆形，深2裂达基部。蒴果卵形，顶端6裂。花期6~7月，果期7~8月。生于田边、路旁。常见田间杂草。

藜（灰灰菜） *Chenopodium album*

藜科 Chenopodiaceae　　藜属 *Chenopodium*

一年生草本。茎直立，粗壮，具条棱及绿色或紫红色色条。枝条斜升或开展。叶片菱状卵形至宽披针形，边缘具不整齐锯齿；叶柄与叶片近等长。花两性，花簇于枝上部排列成大或小的穗状圆锥状或圆锥状花序。果皮与种子贴生。种子横生，双凸镜状，边缘钝，黑色，有光泽，表面具浅沟纹。花果期 5~10 月。生于路旁、荒地及田间。

灰绿藜 *Chenopodium glaucum*

藜科 Chenopodiaceae ● 藜属 *Chenopodium*

一年生草本。茎平卧或外倾，具条棱及绿色或紫红色色条。叶片矩圆状卵形至披针形，肥厚，边缘具缺刻状牙齿，上面无粉，平滑，下面有粉而呈灰白色，有稍带紫红色；中脉明显，黄绿色。花两性兼有雌性，通常数花聚成团伞花序，再于分枝上排列成有间断而通常短于叶的穗状或圆锥状花序。种子扁球形，暗褐色或红褐色。花果期5~10月。生于农田、菜园、沟边、路旁。

杂配藜 *Chenopodium hybridum*

藜科 Chenopodiaceae · 藜属 *Chenopodium*

一年生草本。叶片宽卵形至卵状三角形，两面均呈亮绿色，无粉或稍有粉，叶片多呈三角状戟形，边缘具较少数的裂片状锯齿。花两性兼有雌性，通常数个团集，在分枝上排列成开散的圆锥状花序；雄蕊 5 枚。胞果双凸镜状，种子横生，与胞果同形，黑色，无光泽，表面具明显的圆形深佳或呈凹凸不平。花果期 7~9 月。生于林缘、山坡灌丛间、沟沿等处。

小藜 *Chenopodium serotinum*

藜科 Chenopodiaceae　藜属 *Chenopodium*

一年生草本。叶片卵状矩圆形，通常三浅裂；中裂片两边近平行。花两性，数个团集，排列于上部的枝上形成较开展的顶生圆锥状花序；花被近球形，5 深裂，裂片宽卵形，不开展，背面具微纵隆脊并有密粉；雄蕊 5 枚，开花时外伸；柱头 2 枚，丝形。胞果包在花被内。种子黑色，花果期 4~5 月。生于荒地、道旁、田边。

地肤 *Kochia scoparia*

藜科 Chenopodiaceae　　地肤属 *Kochia*

一年生草本。根略呈纺锤形。茎直立，圆柱状，淡绿色或带紫红色，有多数条棱，稍有短柔毛或下部几无毛。叶为平面叶，披针形或条状披针形。花两性或雌性，通常 13 个生于上部叶腋，构成疏穗状圆锥状花序；花丝丝状，花药淡黄色；柱头 2 枚，丝状，紫褐色，花柱极短。胞果扁球形，果皮膜质，与种子离生。花期 6~9 月，果期 7~10 月。生于田边、路旁、荒地等处。

猪毛菜 *Salsola collina*

🏵 藜科 Chenopodiaceae　🏵 猪毛菜属 *Salsola*

　　一年生草本。叶片丝状圆柱形，伸展或微弯曲。花序穗状，生于枝条上部，花被片卵状披针形，膜质，顶端尖，果时变硬，自背面中上部生鸡冠状突起；花被片在突起以上部分，近革质，顶端为膜质，向中央折曲成平面，有时在中央聚集成小圆锥体；柱头丝状。花期7~9月，果期9~10月。生于田边、路旁及荒地等处。

刺沙蓬 *Salsola ruthenica*

藜科 Chenopodiaceae　　猪毛菜属 *Salsola*

一年生草本。叶片半圆柱形或圆柱形，无毛或有短硬毛，顶端有刺状尖，基部扩展，扩展处的边缘为膜质。花序穗状；花被片果时变硬，自背面中部生翅；花被片在翅以上部分近革质，顶端为薄膜质，向中央聚集，包覆果实；柱头丝状，长为花柱的3~4 倍。花期 8~9 月，果期 9~10 月。生于河谷、沙地。

反枝苋 *Amaranthus retroflexus*

■ 苋科 Amaranthaceae　④ 苋属 *Amaranthus*

　　一年生草本。茎直立，粗壮，密生短柔毛。叶片菱状卵形或椭圆状卵形，顶端锐尖或尖凹，有小凸尖，基部楔形，全缘或波状缘，两面及边缘有柔毛，下面毛较密；叶柄淡绿色，有时淡紫色，有柔毛。圆锥花序顶生及腋生，直立，由多数穗状花序形成。胞果扁卵形，环状横裂，薄膜质，淡绿色。花期7~8月，果期8~9月。常见于田园、农地。

苋 *Amaranthus tricolor*

苋科 Amaranthaceae   苋属 *Amaranthus*

　　一年生草本。茎粗壮,绿色或红色,常分枝,幼时有毛或无毛。叶片卵形、菱状卵形或披针形,绿色或常成红色,顶端圆钝或尖凹,具凸尖,基部楔形,全缘或波状缘,无毛;叶柄绿色或红色。花簇腋生,直到下部叶,或同时具顶生花簇,成下垂的穗状花序,花簇球形。胞果卵状矩圆形。花期 5~8 月,果期 7~9 月。常见于田园、农地、草地。

北乌头（草乌）*Aconitum kusnezoffii*

毛茛科 Ranunculaceae   乌头属 *Aconitum*

　　块根圆锥形或胡萝卜形。叶片五角形，基部心形，三全裂，中央全裂片菱形，渐尖，近羽状分裂，小裂片披针形，侧全裂片斜扇形，不等二深裂。顶生总状花序，通常与其下的腋生花序形成圆锥花序；下部苞片三裂，其他苞片长圆形或线形；萼片紫蓝色，上萼片盔形，有短或长喙，下萼片长圆形；花瓣片向后弯曲或近拳卷。蓇葖果。花期 7~9 月。生于山地、草坡或疏林中。

紫花耧斗菜 *Aquilegia viridiflora f. atropurpurea*

毛茛科 Ranunculaceae · 耧斗菜属 *Aquilegia*

　　根肥大，外皮黑褐色。茎被柔毛且密被腺毛。基生叶少数，二回三出复叶；叶片表面绿色，无毛，背面淡绿色至粉绿色，被短柔毛或近无毛；萼片暗紫色或紫色，长椭圆状卵形。花瓣瓣片与萼片同色，直立，倒卵形；花药黄色。蓇葖果。种子黑色，具微突起的纵棱。花期 5~7 月，果期 7~8 月。生于山地、路旁、河边和潮湿草地。

华北耧斗菜 *Aquilegia yabeana*

毛茛科 Ranunculaceae ● 耧斗菜属 *Aquilegia*

　　根圆柱形。茎上部分枝。基生叶数个，有长柄，一或二回三出复叶；小叶菱状倒卵形或宽菱形，三裂，边缘有圆齿。花序有少数花，密被短腺毛；萼片紫色，狭卵形；花瓣紫色，顶端圆截形，距末端钩状内曲，外面有稀疏短柔毛。心皮5，分离；蓇葖果，蓇葖具隆起的脉网明显。种子黑色。花期5~6月，果期6~7月。生于山地、草坡或林边。

升麻 *Cimicifuga foetida*

🌿 毛茛科 Ranunculaceae ⊕ 升麻属 *Cimicifuga*

　　茎微具槽，分枝。二至三回三出状羽状复叶；茎下部叶的叶片三角形；顶生小叶具长柄，菱形，常浅裂，边缘有锯齿，侧生小叶具短柄或无柄，斜卵形，比顶生小叶略小。花序具分枝3~20条；萼片倒卵状圆形，白色或绿白色；退化雄蕊宽椭圆形，花药黄色或黄白色。蓇葖果长圆形，顶端有短喙；种子椭圆形，褐色，有横向的膜质鳞翅，四周有鳞翅。花期7~9月，果期8~10月。生于山地林缘、林中或路旁、草丛。

短尾铁线莲 *Clematis brevicaudata*

🌿 毛茛科 Ranunculaceae ⚘ 铁线莲属 *Clematis*

　　藤本。枝有棱，小枝疏生短柔毛或近无毛。一至二回羽状复叶或二回三出复叶，有时茎上部为三出叶；小叶片长卵形、卵形至宽卵状披针形或披针形。圆锥状聚伞花序腋生或顶生；萼片4，开展，白色，狭倒卵形，两面均有短柔毛。瘦果卵形，密生柔毛，花柱宿存。花期7~9月，果期9~10月。生于山地、灌丛或疏林。

大叶铁线莲 *Clematis heracleifolia*

毛茛科 Ranunculaceae ● 铁线莲属 *Clematis*

直立草本或半灌木。有粗大的主根，木质化。茎粗壮，有明显的纵条纹，密生白色糙绒毛。三出复叶；小叶片卵圆形，上面暗绿色，下面有曲柔毛。聚伞花序顶生或腋生；花杂性，雄花与两性花异株；萼片4枚，蓝紫色。瘦果卵圆形，两面突起，红棕色，被短柔毛，宿存花柱丝状。花期8~9月，果期10月。生于山坡、沟谷、林边及路旁的灌丛。

棉团铁线莲 *Clematis hexapetala*

毛茛科 Ranunculaceae ● 铁线莲属 *Clematis*

　　直立草本。老枝圆柱形，有纵沟。叶片近革质绿色，干后常变黑色，单叶至复叶，一至二回羽状深裂，裂片线状披针形。花序顶生，聚伞花序或为总状、圆锥状聚伞花序；萼片白色，长椭圆形或狭倒卵形，外面密生绵毛。瘦果倒卵形，扁平，密生柔毛，宿存花柱有灰白色长柔毛。花期 6~8 月，果期 7~10 月。生于干燥山坡或山坡、草地。

长瓣铁线莲（大瓣铁线莲）*Clematis macropetala*

毛茛科 Ranunculaceae　　铁线莲属 *Clematis*

　　木质藤本。二回三出复叶，小叶片9枚，卵状披针形或菱状椭圆形，边缘有整齐的锯齿或分裂。花单生于当年生枝顶端；花萼钟状；萼片4枚，蓝色或淡紫色，狭卵形或卵状披针形，两面有短柔毛，边缘有密毛，脉纹成网状，两面均能见。瘦果倒卵形，被疏柔毛。花期7月，果期8月。生于荒山坡、草坡、岩石缝中及林下。

白头翁 *Pulsatilla chinensis*

毛茛科 Ranunculaceae　　白头翁属 *Pulsatilla*

　　草本。叶片宽卵形，三全裂，表面变无毛，背面有长柔毛；叶柄有密长柔毛。花莛有柔毛；苞片三深裂，背面密被长柔毛。花直立；萼片蓝紫色，长圆状卵形，背面有密柔毛。聚合果；瘦果纺锤形，有长柔毛，宿存花柱有向上斜展的长柔毛。花期4~5月。生于低山山坡、草丛、林边或干旱多石的坡地。

茴茴蒜 *Ranunculus chinensis*

毛茛科 Ranunculaceae ● 毛茛属 *Ranunculus*

一年生草本。茎与叶柄均密生开展的淡黄色糙毛。三出复叶，叶片宽卵形至三角形，两面伏生糙毛。花序有较多疏生的花，花梗贴生糙毛；萼片狭卵形，外面生柔毛；花瓣 5，宽卵圆形，黄色或上面白色；花托在果期显著伸长，圆柱形，密生白短毛。聚合果长圆形；瘦果扁平。花果期 5~9 月。生于溪边、田旁的水湿草地。

石龙芮 *Ranunculus sceleratus*

🌿 毛茛科 Ranunculaceae ⊕ 毛茛属 *Ranunculus*

一年生草本。茎与叶柄均密生开展的淡黄色糙毛。三出复叶，叶片宽卵形至三角形，两面伏生糙毛。花序有较多疏生的花，花梗贴生糙毛；萼片狭卵形，外面生柔毛；花瓣5，宽卵圆形，黄色或上面白色；花托在果期显著伸长，圆柱形，密生白短毛。聚合果长圆形；瘦果扁平。花果期5~9月。生于溪边、田旁的水湿草地。

丝叶唐松草 *Thalictrum foeniculaceum*

毛茛科 Ranunculaceae　　唐松草属 *Thalictrum*

　　植株全部无毛。基生叶为二至四回三出复叶，小叶薄革质，钻状狭线形或狭线形，顶端尖，边缘常反卷，中脉隆起，叶柄基部有短鞘；茎生叶 2~4，似基生叶，渐变小。聚伞花序伞房状；花梗细；萼片 4，粉红色或白色，椭圆形或狭倒卵形。瘦果纺锤形有 8~10 条纵肋。6~7 月开花。生于干燥草坡、山脚沙地或多石砾处。

东亚唐松草 *Thalictrum minus* var. *hypoleucum*

毛茛科 Ranunculaceae　唐松草属 *Thalictrum*

茎下部叶有稍长柄或短柄，茎中部叶有短柄或近无柄，为四回三出羽状复叶；小叶较大，背面有白粉，粉绿色，脉隆起，脉网明显；顶生小叶楔状倒卵形、宽倒卵形、近圆形或狭菱形，三浅裂或有疏牙齿。圆锥花序长达30cm；萼片4，淡黄绿色，脱落。瘦果狭椭圆球形，稍扁，有8条纵肋。6~7月开花。生于山地、林边或山谷、沟边。

细叶小檗 *Berberis poiretii*

小檗科 Berberidaceae 小檗属 *Berberis*

　　落叶灌木。老枝灰黄色；幼枝紫褐色，生黑色疣点，具条棱。叶纸质，倒披针形至狭倒披针形，先端渐尖或急尖，具小尖头，基部渐狭，两面无毛，叶缘平展，全缘。穗状总状花序；花黄色；苞片条形。浆果长圆形，红色。花期 5~6 月，果期 7~9 月。生于山地、灌丛、山沟、河岸或林下。

日本小檗（紫叶小檗） *Berberis thunbergii*

小檗科 Berberidaceae ● 小檗属 *Berberis*

　　落叶灌木。枝丛生；幼枝紫红色或暗红色；老枝灰棕色或紫褐色，有槽，具刺。叶小全缘，菱形或倒卵形，在短枝上簇生，紫红到鲜红，叶背色稍淡。花单生或 2~5 朵成短总状花序，花黄色。浆果红色，宿存，椭圆形。花期 4 月，果期 9~10 月。　生于山地、灌丛、山沟、河岸或林下。

蝙蝠葛 *Menispermum dauricum*

🌿 防己科 Menispermaceae　✛ 蝙蝠葛属 *Menispermum*

　　多年生草本落叶藤本。根状茎褐色；茎自位于近顶部的侧芽生出。叶纸质或近膜质，轮廓通常为心状扁圆形，两面无毛，下面有白粉。圆锥花序单生或有时双生。核果紫黑色。花期 6~7 月，果期 8~9 月。生于路边、灌丛或疏林中。

红睡莲 *Nymphaea alba* var. *rubra*

睡莲科 Nymphaeaceae　睡莲属 *Nymphaea*

　　多年生水生草本。根状茎短粗。叶纸质，心状卵形或卵状椭圆形，基部具深弯缺，约占叶片全长的 1/3，裂片急尖，稍开展或几重合，全缘，上面光亮，下面带红色或紫色，两面皆无毛，具小点。花瓣玫瑰红色，宽披针形、长圆形或倒卵形。浆果球形。种子椭圆形，黑色。花期 6~8 月，果期 8~10 月。生于池沼、池塘中。

金鱼藻 *Ceratophyllum demersum*

金鱼藻科 Ceratophyllaceae　　金鱼藻属 *Ceratophyllum*

多年生沉水草本。茎平滑，具分枝。叶轮生，1~2 次二叉状分歧，裂片丝状，或丝状条形，先端带白色软骨质，边缘仅一侧有数细齿。花苞片条形，浅绿色，透明，先端有 3 齿及带紫色毛；雄蕊 10~16 枚，微密集；子房卵形，花柱钻状。坚果宽椭圆形，黑色，平滑，边缘无翅，有 3 刺。花期6~7月，果期8~10月。生于池塘、河沟中。

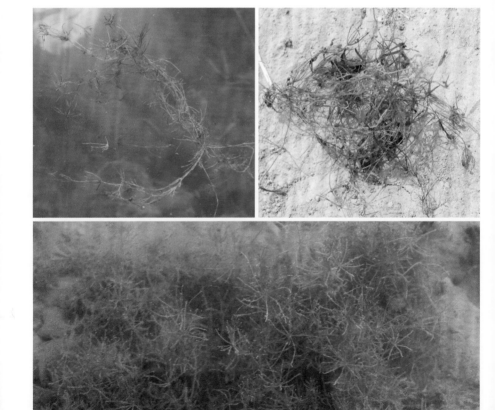

银线草 *Chloranthus japonicus*

金粟兰科 Chloranthaceae　　金粟兰属 *Chloranthus*

多年生草本。根状茎多节,横走,分枝,生多数细长须根,有香气。茎直立,单生或数个丛生,不分枝,下部节上对生 2 片鳞状叶。叶对生,通常 4 片生于茎顶,成假轮生,纸质,宽椭圆形或倒卵形,顶端急尖,基部宽楔形,边缘有齿牙状锐锯齿,齿尖有一腺体,腹面有光泽,两面无毛。穗状花序单一,顶生;花白色。核果近球形或倒卵形,绿色。花期 4~5 月,果期 5~7 月。生于林下阴湿处或沟边草丛中。

北马兜铃 *Aristolochia contorta*

马兜铃科 Aristolochiaceae ● 马兜铃属 *Aristolochia*

　　草质藤本，干后有纵槽纹。叶纸质，卵状心形或三角状心形，边全缘。总状花序有花 2~8 朵或有时仅 1 朵生于叶腋。蒴果宽倒卵形或椭圆状倒卵形，顶端圆形而微凹，6 棱，由基部向上 6 瓣开裂。种子三角状心形，灰褐色，扁平，具小疣点，具浅褐色膜质翅。花期 5~7 月，果期 8~10 月。生于山坡灌丛、沟谷两旁以及林缘。

草芍药 *Paeonia obovata*

芍药科 Paeoniaceae　　芍药属 *Paeonia*

多年生草本。根粗壮，长圆柱形。茎无毛，下部叶为二回三出复叶，顶生小叶倒卵形或宽椭圆形，全缘，无毛或沿叶脉疏生柔毛；侧生小叶比顶生小叶小，同形，具短柄或近无柄；茎上部叶为三出复叶或单叶。单花顶生，花瓣6，白色、红色、紫红色，倒卵形；雄蕊花丝淡红色；心皮2~3，无毛。蓇葖果卵圆形，长2~3cm，成熟时果皮反卷呈红色。花期6月，果期9月。生于山坡草地及林缘。

软枣猕猴桃 *Actinidia arguta*

猕猴桃科 Actinidiaceae 　　猕猴桃属 *Actinidia*

大型落叶藤本。小枝基本无毛或幼嫩时星散地薄被柔软绒毛或茸毛，隔年枝灰褐色。髓白色至淡褐色，片层状。叶膜质或纸质，卵形、长圆形、阔卵形至近圆形，边缘具繁密的锐锯齿，腹面深绿色，无毛，背面绿色。花绿白色或黄绿色，芳香；花瓣4~6，花药黑色或暗紫色。果圆球形至柱状长圆形，成熟时绿黄色或紫红色。花期5~7月，果期9~10月。生于林中、溪旁或湿润处。

中华猕猴桃 *Actinidia chinensis*

猕猴桃科 Actinidiaceae ● 猕猴桃属 *Actinidia*

大型落叶藤本。幼枝被有灰白色茸毛或褐色长硬毛或铁锈色硬毛状刺；隔年枝完全秃净无毛，皮孔长圆形。髓白色至淡褐色，片层状。叶纸质，倒阔卵形至倒卵形，腹面深绿色，背面苍绿色，密被灰白色或淡褐色星状绒毛。聚伞花序 1~3 朵花；花初放时白色，放后变淡黄色，有香气。果黄褐色，近球形，被毛，成熟时具小而多的淡褐色斑点。花期 5~7 月，果期 9~10 月。栽培果树。

狗枣猕猴桃 *Actinidia kolomikta*

猕猴桃科 Actinidiaceae 　　猕猴桃属 *Actinidia*

　　大型落叶藤本。小枝紫褐色，隔年枝褐色，有光泽，皮孔相当显著，稍突起。髓褐色，片层状。叶膜质，阔卵形，顶端急尖至短渐尖，基部心形，两侧不对称，边缘有单锯齿或重锯齿，两面近同色。聚伞花序，雄性的有花 3 朵，雌性的通常 1 花单生；花白色或粉红色，芳香，花药黄色。果柱状长圆形，有时为扁体长圆形，果皮洁净无毛，无斑点。花期 5~7 月，果期 9~10 月。生于混交林或杂木林中。

葛枣猕猴桃 *Actinidia polygama*

猕猴桃科 Actinidiaceae 猕猴桃属 *Actinidia*

大型落叶藤本。着花小枝细长，基本无毛。髓白色，实心。叶膜质，卵形或椭圆卵形，顶端急渐尖至渐尖，基部圆形或阔楔形，边缘有细锯齿，腹面绿色，散生少数小刺毛；叶柄近无毛。花序 1~3 朵花，花序柄被微绒毛；花白色，芳香；花瓣 5 片，花药黄色，子房瓶状。果成熟时淡橘色，无毛，无斑点，顶端有喙，基部有宿存萼片。花期 6~7 月，果期 9~10 月。生于山坡、沟谷。

白屈菜 *Chelidonium majus*

罂粟科 Papaveraceae　　白屈菜属 *Chelidonium*

多年生草本。主根粗壮，圆锥形，侧根多，暗褐色。茎聚伞状多分枝。基生叶少，早凋落，叶片倒卵状长圆形或宽倒卵形。伞形花序多花；花瓣倒卵形，全缘，黄色。蒴果狭圆柱形。种子卵形，暗褐色。花果期4~9月。生于山坡、山谷、林缘或路旁、石缝。

地丁草 *Corydalis bungeana*

罂粟科 Papaveraceae ⊕ 紫堇属 *Corydalis*

二年生草本。茎自基部铺散分枝，灰绿色，具棱。基生叶多数，叶柄约与叶片等长，基部多少具鞘，边缘膜质；叶片上面绿色，下面苍白色，二至三回羽状全裂，一回羽片3~5对，具短柄，二回羽片2~3对，顶端分裂成短小的裂片，裂片顶端圆钝。总状花序多花，先密集，后疏离，果期伸长；花粉红色至淡紫色，平展。蒴果椭圆形，下垂。生于多石坡地。

珠果黄堇 *Corydalis speciosa*

🌿 罂粟科 Papaveraceae 🌸 紫堇属 *Corydalis*

多年生草本。灰绿色，当年生和翌年生的茎常不分枝，3 年以上的茎多分枝；下部茎生叶具柄，上部的近无柄，狭长圆形，二回羽状全裂，一回羽片约 5~7 对，下部的较疏离，上部的较密集，二回羽片约 2~4 对，卵状椭圆形，上面绿色，下面苍白色。总状花序生茎和腋生枝的顶端，密具多花；花金黄色，近平展或稍俯垂。蒴果线形，俯垂，念珠状。生于林缘、路旁、石缝。

垂果南芥 *Arabis pendula*

⬚ 十字花科 Cruciferae　　④ 南芥属 *Arabis*

二年生草本。全株被硬单毛。茎直立，上部有分枝；茎下部的叶长椭圆形至倒卵形，顶端渐尖，边缘有浅锯齿，基部渐狭而成叶柄；茎上部的叶狭长椭圆形至披针形，较下部的叶略小，基部呈心形或箭形，抱茎，上面黄绿色。总状花序顶生或腋生；萼片椭圆形，背面被毛；花瓣白色、匙形。长角果线形，弧曲，下垂。花期6~9月，果期7~10月。生于山坡、路旁、河边、草丛。

荠 *Capsella bursa-pastoris*

⊕ 十字花科 Cruciferae ⊕ 荠属 *Capsella*

一年生或二年生草本。无毛、有单毛或分叉毛。茎直立，单一或从下部分枝。基生叶丛生呈莲座状，大头羽状分裂，顶裂片卵形至长圆形，侧裂片 3~8 对；茎生叶窄披针形，基部箭形，抱茎，边缘有缺刻或锯齿。总状花序顶生及腋生；萼片长圆形；花瓣白色，卵形，有短爪。短角果倒三角形或倒心状三角形，扁平，无毛，顶端微凹，裂瓣具网脉。花果期 4~6 月。生于山坡、田边及路旁。

弯曲碎米荠 *Cardamine flexuosa*

十字花科 Cruciferae ❀ 碎米荠属 *Cardamine*

　　一年生或二年生草本。茎自基部多分枝，表面疏生柔毛。基生叶有叶柄，小叶 3~7 对，顶生小叶卵形，顶端 3 齿裂，基部宽楔形，侧生小叶卵形。总状花序多数，生于枝顶，花小，花梗纤细；萼片长椭圆形，边缘膜质；花瓣白色，倒卵状楔形；雌蕊柱状，柱头扁球状。长角果线形，扁平。花期 3~5 月，果期 4~6 月。生于田边、路旁及草地。

白花碎米荠 *Cardamine leucantha*

十字花科 Cruciferae　　碎米荠属 *Cardamine*

多年生草本。茎单一，不分枝，表面有沟棱、密被短绵毛或柔毛。基生叶有长叶柄，小叶2~3对，顶生小叶卵形，顶端渐尖，边缘有不整齐的钝齿或锯齿，基部楔形。总状花序顶生，花后伸长，花梗细弱；萼片长椭圆形，边缘膜质，外面有毛；花瓣白色，长圆状楔形，柱头扁球形。长角果线形，果瓣散生柔毛，毛易脱落。花期4~7月，果期6~8月。生于路边、山坡湿草地、杂木林下及山谷沟边阴湿处。

播娘蒿 *Descurainia sophia*

🌿十字花科 Cruciferae　🌸播娘蒿属 *Descurainia*

　　一年生草本。茎直立，分枝多，常于下部成淡紫色。叶为三回羽状深裂，下部叶具柄，上部叶无柄。花序伞房状，果期伸长；萼片直立，早落，长圆条形，背面有分叉细柔毛。花瓣黄色，长圆状倒卵形。长角果圆筒状，果瓣中脉明显。种子形小，多数，长圆形，稍扁，淡红褐色，表面有细网纹。花期 4~5 月。生于山坡、田野及农田。

糖芥 *Erysimum bungei*

十字花科 Cruciferae　　糖芥属 *Erysimum*

　　一年生或二年生草本。密生伏贴 2 叉毛。茎直立，具棱角。叶披针形，顶端急尖，基部渐狭，全缘；上部叶有短柄或无柄，基部近抱茎，边缘有波状齿或近全缘。总状花序顶生；萼片长圆形，边缘白色膜质；花瓣橘黄色，倒披针形，顶端圆形；雄蕊 6，近等长。长角果线形，稍呈四棱形，柱头 2 裂，裂瓣具隆起中肋。花期 6~8 月，果期 7~9 月。生于田边荒地、山坡上。

小花糖芥 *Erysimum cheiranthoides*

十字花科 Cruciferae　　糖芥属 *Erysimum*

一年生草本。茎直立，有棱角，具2叉毛。基生叶莲座状，无柄，叶片有2~3叉毛；茎生叶披针形或线形，顶端急尖，基部楔形，边缘具深波状疏齿，两面具3叉毛。总状花序顶生；萼片长圆形或线形，外面有3叉毛；花瓣浅黄色，长圆形，顶端圆形或截形，下部具爪。长角果圆柱形，侧扁；果瓣有1条不明显中脉。花期5月，果期6月。生于山坡、山谷、路旁及村旁荒地。

独行菜 *Lepidium apetalum*

十字花科 Cruciferae　　独行菜属 *Lepidium*

一年生或二年生草本。茎直立，有分枝，无毛或具微小头状毛。基生叶窄匙形，一回羽状浅裂或深裂；茎上部叶线形，有疏齿或全缘。总状花序在果期可延长；萼片早落；花瓣不存或退化成丝状，比萼片短；雄蕊 2 或 4。短角果近圆形或宽椭圆形，扁平，顶端微缺，上部有短翅；果梗弧形。种子椭圆形，平滑，棕红色。花果期 5~7 月。生于山坡、山沟、路旁。

涩荠 *Malcolmia africana*

🌿十字花科 Cruciferae ⊕涩荠属 *Malcolmia*

二年生草本。密生单毛或叉状硬毛。茎直立，多分枝，有棱角。叶长圆形、倒披针形或近椭圆形，顶端圆形，有小短尖，基部楔形，边缘有波状齿或全缘。总状花序有 10~30 朵花，疏松排列；萼片长圆形，花瓣紫色或粉红色。长角果线细状圆柱形，近 4 棱，密生短或长分叉毛，少数几无毛；柱头圆锥状。花果期 6~8 月。生于路边荒地或田间。

诸葛菜 *Orychophragmus violaceus*

十字花科 Cruciferae　诸葛菜属 *Orychophragmus*

　　一年生或二年生草本。茎单一，直立。基生叶及下部茎生叶大头羽状全裂，顶裂片近圆形，顶端钝，基部心形，有钝齿，侧裂片 2~6 对，卵形，疏生细柔毛；上部叶长圆形，顶端急尖，基部耳状，抱茎，边缘有不整齐牙齿。花紫色、浅红色或褪成白色；花萼筒状，紫色；花瓣宽倒卵形，密生细脉纹。长角果线形，具 4 棱，裂瓣有一突出中脊。花期 4~5 月，果期 5~6 月。生于路旁或地边。

球果蔊菜（风花菜）*Rorippa globosa*

十字花科 Cruciferae　蔊菜属 *Rorippa*

一年生或二年生直立粗壮草本。植株被白色硬毛或近无毛。茎单一，基部木质化，下部被白色长毛，上部近无毛。叶片长圆形至倒卵状披针形，边缘具不整齐粗齿，两面被疏毛，尤以叶脉为显。总状花序多数，呈圆锥花序式排列，果期伸长；花小，黄色，具细梗；萼片4，长卵形，边缘膜质；花瓣4，倒卵形；雄蕊6，4强或近于等长。短角果实近球形。花期4~6月，果期7~9月。生于河岸、湿地、路旁、沟边或草丛。

沼生蔊菜 *Rorippa islandica*

十字花科 Cruciferae　蔊菜属 *Rorippa*

一年生或二年生草本。茎直立，单一成分枝，下部常带紫色，具棱。基生叶多数，具柄；茎生叶近无柄，叶片羽状深裂。总状花序顶生或腋生，花小，多数，黄色，具纤细花梗；萼片长椭圆形；花瓣长倒卵形至楔形，等于或稍短于萼片；雄蕊6，近等长，花丝线状。短角果椭圆形，果瓣肿胀。花期4~7月，果期6~8月。生于潮湿环境或近水处、路旁、田边、山坡、草地。

景天（八宝） *Hylotelephium erythrostictum*

景天科 Crassulaceae　　八宝属 *Hylotelephium*

多年生草本。块根胡萝卜状。茎直立，不分枝。叶对生，少有互生或3叶轮生，长圆形至卵状长圆形，边缘有疏锯齿，无柄。伞房状花序顶生；花密生，花瓣白色或粉红色；雄蕊10，与花瓣同长或稍短，花药紫色；心皮5，直立，基部几分离。花期8~10月。生于山坡、草地或沟边。

瓦松 *Orostachys fimbriatus*

景天科 Crassulaceae　　瓦松属 *Orostachys*

二年生草本。一年生莲座丛的叶短；莲座叶线形，先端增大，为白色软骨质，半圆形，有齿；叶互生，疏生，有刺，线形至披针形。花序总状，紧密；苞片线状渐尖；花瓣红色；雄蕊10，花药紫色；鳞片5，近四方形。蓇葖5，长圆形。种子多数，卵形，细小。花期8~9月，果期9~10月。生于山坡石上或屋瓦上。

土三七（费菜） *Sedum aizoon* var. *aizoon*

景天科 Crassulaceae　景天属 *Sedum*

　　多年生草本。根状茎短，直立，无毛，不分枝。叶互生，边缘有不整齐的锯齿；叶坚实，近革质。聚伞花序；花瓣 5，黄色，鳞片 5，近正方形，花柱长钻形。蓇葖星芒状排列。种子椭圆形。花期 6~7 月，果期 8~9 月。生于山坡阴地、林旁路边。

垂盆草 *Sedum sarmentosum*

❀景天科 Crassulaceae　　❀景天属 *Sedum*

　　多年生草本。不育枝及花茎细，匍匐而节上生根，直到花序之下。3叶轮生，叶倒披针形至长圆形，先端近急尖，基部急狭，有距。聚伞花序，有3~5分枝，花少；花无梗；花瓣黄色，先端有稍长的短尖；鳞片10，楔状四方形；心皮5，长圆形，略叉开，有长花柱。种子卵形。花期5~7月，果期8月。生于山坡阳处或石上。

大花溲疏 *Deutzia grandiflora*

虎耳草科 Saxifragaceae ● 溲疏属 *Deutzia*

　　灌木。老枝紫褐色或灰褐色，表皮片状脱落。叶纸质，卵状菱形或椭圆状卵形，边缘具大小相间或不整齐锯齿，下面灰白色；叶柄被星状毛。聚伞花序，具花 1~3 朵；花瓣白色。蒴果半球形，被星状毛，具宿存萼裂片外弯。花期 4~6 月，果期 9~11 月。生于山坡、山谷和路旁灌丛中。

小花溲疏 *Deutzia parviflora*

虎耳草科 Saxifragaceae　　　溲疏属 *Deutzia*

灌木。老枝灰褐色或灰色，表皮片状脱落；花枝被星状毛。叶纸质，卵形、椭圆状卵形或卵状披针形，边缘具细锯齿。伞房花序多花；萼筒杯状，密被星状毛，裂片三角形，较萼筒短，先端钝；花瓣白色，花蕾时覆瓦状排列；花柱 3，较雄蕊稍短。蒴果球形。花期 5~6 月，果期 8~10 月。生于山谷林缘。

东陵绣球（东陵八仙花）*Hydrangea bretschneideri*

🌿虎耳草科 Saxifragaceae　🌼绣球属 *Hydrangea*

灌木。树皮较薄，常呈薄片状剥落。当年生小枝栗红色至栗褐色或淡褐色。叶薄纸质或纸质，卵形至长卵形，脉上常被疏短柔毛，下面灰褐色，密被灰白色细柔毛。伞房状聚伞花序。蒴果卵球形。种子淡褐色，狭椭圆形或长圆形，略扁，具纵脉纹，两端具狭翅。花期6~7月，果期9~10月。生于山坡杂木林。

独根草 *Oresitrophe rupifraga*

虎耳草科 Saxifragaceae   独根草属 *Oresitrophe*

草本。根状茎粗壮,具芽,芽鳞棕褐色。叶均基生,2~3 枚;叶片心形至卵形,边缘具不规则齿牙,基部心形,腹面近无毛,背面和边缘具腺毛。花莛不分枝,密被腺毛;多歧聚伞花序多花;无苞片;花梗与花序梗均密被腺毛;子房近上位。花果期 5~9 月。生于山谷、悬崖之阴湿石隙。

扯根菜 *Penthorum chinense*

虎耳草科 Saxifragaceae　　扯根菜属 *Penthorum*

多年生草本。根状茎分枝；茎不分枝，稀基部分枝。叶互生披针形至狭披针形，先端渐尖，边缘具细重锯齿。聚伞花序具多花；花小型，黄白色；萼片5，革质，三角形，单脉；无花瓣；雄蕊10；雌蕊下部合生；花柱5（~6），较粗。蒴果红紫色。种子多数，表面具小丘状突起。花果期7~10月。生于林下、灌丛草甸及水边。

太平花 *Philadelphus pekinensis*

虎耳草科 Saxifragaceae · 山梅花属 *Philadelphus*

　　灌木。2 年生小枝无毛，表皮栗褐色，当年生小枝无毛，表皮黄褐色，不开裂。叶卵形或阔椭圆形，边缘具锯齿，两面无毛。总状花序；花序轴黄绿色，无毛；花瓣白色，倒卵形。蒴果近球形或倒圆锥形，宿存萼裂片近顶生。种子具短尾。花期 5~7月，果期 8~10 月。生于山坡杂木林中或灌丛中。

东北茶藨子 *Ribes mandshuricum*

🌿 虎耳草科 Saxifragaceae   🍃 茶藨子属 *Ribes*

　　落叶灌木。小枝灰色或褐灰色，皮纵向或长条状剥落，嫩枝具短柔毛或近无毛，无刺。叶宽大，常掌状 3 裂，边缘具不整齐粗锐锯齿或重锯齿；叶柄具短柔毛。花两性；总状花序；花序轴和花梗密被短柔毛。果实球形，红色，无毛，味酸可食。种子多数，圆形。花期 4~6 月，果期 7~8 月。生于山坡或山谷针阔叶混交林下或杂木林内。

龙芽草 *Agrimonia pilosa*

蔷薇科 Rosaceae　　龙牙草属 *Agrimonia*

多年生草本。茎被疏柔毛及短柔毛。叶为间断奇数羽状复叶；小叶片倒卵形，倒卵椭圆形或倒卵披针形，边缘有急尖到圆钝锯齿，上面被疏柔毛，下面通常脉上伏生疏柔毛，有显著腺点。花序穗状总状顶生，花序轴被柔毛；花瓣黄色，长圆形。果实倒卵圆锥形，外面有 10 条肋，顶端有数层钩刺。花果期 5~9月。常生于溪边、路旁、草地、灌丛、林缘及疏林下。

山桃 *Amygdalus davidiana*

蔷薇科 Rosaceae ● 桃属 *Amygdalus*

乔木。树皮暗紫色，光滑。叶片卵状披针形，两面无毛，叶边具细锐锯齿；叶柄具腺体。花单生，先于叶开放；花瓣倒卵形或近圆形，粉红色。果实近球形，淡黄色，外面密被短柔毛；成熟时不开裂；核球形或近球形，表面具纵、横沟纹和孔穴，与果肉分离。花期3~4月，果期7~8月。生于山坡、山谷沟底或荒野疏林及灌丛内。

桃 *Amygdalus persica*

蔷薇科 Rosaceae 桃属 *Amygdalus*

乔木。小枝有光泽，绿色，向阳处转变成红色，具大量小皮孔。叶片长圆披针形、椭圆披针形或倒卵状披针形。花单生；花瓣长圆状椭圆形至宽倒卵形，粉红色。果实卵形、宽椭圆形或扁圆形，色泽变化由淡绿白色至橙黄色，常在向阳面具红晕，外面密被短柔毛，腹缝明显。花期3~4月，果期8~9月。生于山坡、路旁。常栽培。

山杏（西伯利亚杏）*Armeniaca sibirica*

🌸蔷薇科 Rosaceae　　🌿杏属 *Armeniaca*

灌木或小乔木。叶片卵形或近圆形，先端长渐尖至尾尖，叶边有细钝锯齿花单生，先于叶开放。花萼紫红色；花瓣近圆形或倒卵形，白色或粉红色果实扁球形，黄色或橘红色，有时具红晕，被短柔毛。果肉较薄而干燥，成熟时开裂，成熟时沿腹缝线开裂核扁球形，表面较平滑，腹面宽而锐利。花期 3~4 月，果期 6~7 月。生于干燥向阳山坡上。

毛叶欧李 *Cerasus dictyoneura*

蔷薇科 Rosaceae　　樱属 *Cerasus*

灌木。叶片倒卵状椭圆形，中部以上最宽，常有皱纹。花单生或 2~3 朵簇生，先叶开放；萼筒钟状，长宽近相等，外被短柔毛，萼片卵形，先端急尖；花瓣粉红色或白色，倒卵形。核果球形，红色；核除棱背两侧外，无棱纹。花期 4~5 月，果期 7~9 月。生于山坡阳处灌丛中或荒草地上。

欧李 *Cerasus humilis*

蔷薇科 Rosaceae ⬥ 樱属 *Cerasus*

灌木。叶片倒卵状长椭圆形，边有单锯齿或重锯齿，上面深绿色，下面浅绿色；托叶线形，边有腺体。花单生或 2~3 花簇生，花叶同开；花瓣白色或粉红色，长圆形或倒卵形。核果成熟后近球形，红色或紫红色。花期 4~5 月，果期 6~10 月。生于阳坡沙地、山地灌丛中。

樱桃 *Cerasus pseudocerasus*

蔷薇科 Rosaceae　樱属 *Cerasus*

乔木。叶片卵形或长圆状卵形，边有尖锐重锯齿，齿端有小腺体，上面暗绿色，近无毛，下面淡绿色，沿脉或脉间有稀疏柔毛；叶柄先端有 1 或 2 个大腺体。花序伞房状或近伞形；花瓣白色，卵圆形，先端下凹或二裂。核果近球形，红色。花期 3~4 月，果期 5~6 月。生于山坡阳处或沟边。常栽培。

毛樱桃 *Cerasus tomentosa*

蔷薇科 Rosaceae　　樱属 *Cerasus*

　　灌木，稀呈小乔木状。叶片卵状椭圆形或倒卵状椭圆形，边缘有急尖或粗锐锯齿，上面暗绿色或深绿色，下面灰绿色，密被灰色绒毛或以后变为稀疏。花单生或 2 朵簇生，花叶同开；花瓣白色或粉红色。核果近球形，红色；核表面除棱脊两侧有纵沟外，无棱纹。花期 4~5 月，果期 6~9 月。生于山坡林中、林缘、灌丛中。

全缘枸子 *Cotoneaster integerrimus*

蔷薇科 Rosaceae　枸子属 *Cotoneaster*

　　落叶灌木。叶片宽椭圆形、宽卵形或近圆形，全缘；托叶披针形，微具毛，至果期多数宿存。聚伞花序，下垂；萼筒钟状，外面无毛或下部微具疏柔毛，内面无毛；萼片三角卵形，先端圆钝，内外两面无毛；花瓣粉红色；花柱2，稀3，离生。果实近球形，稀卵形，红色，无毛，常具2小核，稀3~4小核。花期5~6月，果期8~9月。生于石砾坡地或白桦林内。

山楂 *Crataegus pinnatifida*

■蔷薇科 Rosaceae　⊕山楂属 *Crataegus*

落叶乔木。具枝刺。叶片宽卵形或三角状卵形，通常两侧各有 3~5 羽状深裂片，裂片卵状披针形或带形，边缘有尖锐稀疏不规则重锯齿，上面暗绿色有光泽。伞房花序具多花，总花梗和花梗均被柔毛；花瓣倒卵形或近圆形，白色。果实近球形或梨形，深红色，有浅色斑。花期 5~6 月，果期 9~10 月。生于山坡林边或灌木丛中。

蛇莓 *Duchesnea indica*

蔷薇科 Rosaceae　　蛇莓属 *Duchesnea*

多年生草本。根茎短，粗壮；匍匐茎多数，有柔毛。小叶片倒卵形至菱状长圆形，边缘有钝锯齿，两面皆有柔毛；叶柄有柔毛；托叶窄卵形至宽披针形。花单生于叶腋；花瓣倒卵形，黄色；花托在果期膨大，海绵质，鲜红色。瘦果卵形。花期 6~8 月，果期 8~10 月。生于山坡、河岸、草地、潮湿处。

草莓 *Fragaria × ananassa*

蔷薇科 Rosaceae　草莓属 *Fragaria*

多年生草本。叶三出，小叶具短柄，质地较厚，倒卵形或菱形，顶端圆钝，基部阔楔形，侧生小叶基部偏斜，边缘具缺刻状锯齿，锯齿急尖；叶柄密被开展黄色柔毛。聚伞花序，有花5~15朵，花序下面具一短柄的小叶；花两性；花瓣白色。聚合果鲜红色，宿存萼片直立，紧贴于果实；瘦果尖卵形，光滑。花期4~5月，果期6~7月。生于田间地旁。常栽培。

水杨梅（路边青）*Geum aleppicum*

蔷薇科 Rosaceae　　路边青属 *Geum*

多年生草本。茎直立；基生叶为大头羽状复叶，通常有小叶 2~6 对，叶柄被粗硬毛，小叶大小极不相等，顶生小叶最大，边缘常浅裂，有不规则粗大锯齿，锯齿急尖或圆钝，两面绿色，疏生粗硬毛；茎生叶羽状复叶，有时重复分裂，向上小叶逐渐减少。花序顶生，疏散排列；花瓣黄色，几圆形。聚合果倒卵球形，瘦果被长硬毛。花果期 7~10 月。生于沟旁、路边阴湿处。

山荆子 *Malus baccata*

蔷薇科 Rosaceae ⚫ 苹果属 *Malus*

乔木。叶片椭圆形或卵形，边缘有细锐锯齿，嫩时稍有短柔毛或完全无毛。伞形花序，具花4~6朵，无总梗，集生在小枝顶端；花瓣倒卵形，先端圆钝，基部有短爪，白色；雄蕊长短不齐；花柱5或4，较雄蕊长。果实近球形，红色或黄色，萼片脱落。花期4~6月，果期9~10月。生于山坡杂木林中及山谷阴处灌木丛中。

钩叶委陵菜（皱叶委陵菜） *Potentilla ancistrifolia*

蔷薇科 Rosaceae ● 委陵菜属 *Potentilla*

多年生草本。根木质。花茎直立。基生叶为羽状复叶，有小叶 2~4 对，上面绿色或暗绿色，通常有明显皱褶，伏生疏柔毛，下面灰色或灰绿色，密生柔毛，沿脉伏生长柔毛，基生叶托叶膜质，褐色，外被长柔毛；茎生叶托叶草质，绿色。伞房状聚伞花序顶生，疏散，密被长柔毛和腺毛；花瓣黄色。花果期 5~9 月。生于山坡、草地、岩石缝中及灌木林下。

鹅绒委陵菜（蕨麻）*Potentilla anserina*

🌿蔷薇科 Rosaceae　🌼委陵菜属 *Potentilla*

多年生草本。茎匍匐，在节处生根，常着地长出新植株。基生叶为间断羽状复叶，有小叶 6~11 对，小叶片上面绿色，被疏柔毛或脱落几无毛，下面密被紧贴银白色绢毛；茎生叶与基生叶相似，唯小叶对数较少；基生叶和下部茎生叶托叶膜质，和叶柄连成鞘状。单花腋生；花瓣黄色。生于河岸、路边、山坡草地及草甸。

委陵菜 *Potentilla chinensis*

薔薇科 Rosaceae ⊕ 委陵菜属 *Potentilla*

多年生草本。花茎直立或上升，被稀疏短柔毛及白色绢状长柔毛。基生叶为羽状复叶，有小叶 5~15 对，叶柄被短柔毛及绢状长柔毛，上部小叶较长，向下逐渐减小，边缘羽状中裂，边缘向下反卷，上面绿色，中脉下陷，下面被白色绒毛，沿脉被白色绢状长柔毛；茎生叶与基生叶相似，唯叶片对数较少。房状聚伞花序；花瓣黄色。花果期 4~10 月。生于山坡草地、沟谷、林缘、灌丛或疏林下。

翻白草 *Potentilla discolor*

蔷薇科 Rosaceae　委陵菜属 *Potentilla*

　　多年生草本。花茎直立，上升或微铺散，密被白色绵毛。基生叶有小叶2~4对，叶柄密被白色绵毛，小叶对生或互生，无柄，小叶片长圆形或长圆披针形，边缘具圆钝锯齿，上面暗绿色，下面密被白色或灰白色绵毛；茎生叶有掌状3~5小叶。聚伞花序有花数朵至多朵，疏散；花瓣黄色。瘦果近肾形。花果期5~9月。生于荒地、山谷、沟边、山坡草地、草甸及疏林下。

匐枝委陵菜 *Potentilla flagellaris*

蔷薇科 Rosaceae　　委陵菜属 *Potentilla*

多年生匐匍草本。匐匍枝被伏生短柔毛或疏柔毛。基生叶掌状 5 出复叶，叶柄被伏生柔毛或疏柔毛，小叶片披针形、卵状披针形或长椭圆形，边缘有 3~6 缺刻状大小不等急尖锯齿，下部 2 个小叶有时 2 裂，两面绿色，伏生稀疏短毛，以后脱落或在下面沿脉伏生疏柔毛；匐匍枝上叶与基生叶相似。单花与叶对生；花瓣黄色。花果期 5~9 月。生于阴湿草地、水泉旁边及疏林下。

莓叶委陵菜 *Potentilla fragarioides*

蔷薇科 Rosaceae ⊕ 委陵菜属 *Potentilla*

多年生草本。基生叶羽状复叶，有小叶 2~3 对，小叶片倒卵形、椭圆形或长椭圆形，边缘有多数急尖或圆钝锯齿，近基部全缘，两面绿色，被平铺疏柔毛，下面沿脉较密；茎生叶，常有 3 小叶；茎生叶托叶草质，绿色，卵形，全缘，顶端急尖，外被平铺疏柔毛。伞房状聚伞花序顶生，多花，松散；花瓣黄色。花期 4~6 月，果期 6~8 月。生于地边、沟边、草地、灌丛及疏林下。

等齿委陵菜 *Potentilla simulatrix*

蔷薇科 Rosaceae　委陵菜属 *Potentilla*

　　多年生匍匐草本。匍匐枝纤细，常在节上生根。基生叶为三出掌状复叶，叶柄被短柔毛及长柔毛，小叶几无柄。单花自叶腋生；萼片卵状披针形，顶端急尖，副萼片长椭圆形，顶端急尖，外被疏柔毛。花瓣黄色，倒卵形，顶端微凹或圆钝，比萼片长。瘦果有不明显脉纹。花果期 4~10 月。生于林下溪边阴湿处。

朝天委陵菜 *Potentilla supina*

蔷薇科 Rosaceae   委陵菜属 *Potentilla*

一年生或二年生草本。茎平展，上升或直立，叉状分枝。基生叶羽状复叶，有小叶 2~5 对，叶柄被疏柔毛或脱落几无毛，小叶互生或对生，无柄，小叶片长圆形或倒卵状长圆形，边缘有圆钝或缺刻状锯齿，两面绿色；茎生叶与基生叶相似。顶端呈伞房状聚伞花序；花瓣黄色。瘦果长圆形，先端尖，表面具脉纹。花果期 3~10 月。生于田边、荒地、河岸沙地、草甸、山坡湿地。

紫叶李 *Prunus cerasifera* f. *atropurpurea*

蔷薇科 Rosaceae　 李属 *Prunus*

灌木或小乔木。小枝暗红色，无毛。叶片椭圆形、卵形或倒卵形，极稀椭圆状披针形，上面深绿色，中脉微下陷，下面紫色。花1朵，稀2朵；花瓣白色，长圆形或匙形，边缘波状，着生在萼筒边缘。核果近球形或椭圆形，黄色、红色或黑色，微被蜡粉，具有浅侧沟。花期4月，果期8月。生于山坡林中或多石砾的坡地。常庭园栽培。

秋子梨 *Pyrus ussuriensis*

蔷薇科 Rosaceae　梨属 *Pyrus*

乔木。叶片卵形至宽卵形，基部圆形或近心形，稀宽楔形，边缘具有带刺芒状尖锐锯齿。花序密集，有花5~7朵，萼片三角披针形，先端渐尖，边缘有腺齿；花瓣倒卵形或广卵形，先端圆钝，基部具短爪，白色。果实近球形，黄色，直径2~6cm，萼片宿存，具短果梗。花期5月，果期8~10月。生于干燥山坡或路旁。

野蔷薇（多花野蔷薇） *Rosa multiflora*

蔷薇科 Rosaceae　　蔷薇属 *Rosa*

攀缘灌木。小叶 5~9，近花序的小叶有时 3；小叶片倒卵形、长圆形或卵形，边缘有尖锐单锯齿；小叶柄和叶轴有柔毛或无毛，有散生腺毛；托叶篦齿状，大部贴生于叶柄。花多朵，排成圆锥状花序；花瓣白色，宽倒卵形，先端微凹，基部楔形。果近球形，红褐色或紫褐色，有光泽，无毛，萼片脱落。生于山坡或灌丛。多栽培。

黄刺玫 *Rosa xanthina*

🌿蔷薇科 Rosaceae ⊕蔷薇属 *Rosa*

直立灌木。枝粗壮，密集，披散；小枝无毛，有散生皮刺，无针刺。小叶边缘有圆钝锯齿，上面无毛；叶轴、叶柄有稀疏柔毛和小皮刺；托叶带状披针形，边缘有锯齿和腺。花单生于叶腋，重瓣或半重瓣，黄色；花瓣黄色，宽倒卵形。果近球形或倒卵圆形，紫褐色或黑褐色。花期4~6月，果期7~8月。生于山坡、林缘、路边。

牛叠肚（山楂叶悬钩子）*Rubus crataegifolius*

🌿 蔷薇科 Rosaceae　　🌼 悬钩子属 *Rubus*

　　直立灌木。枝具沟棱，幼时被细柔毛，老时无毛，有微弯皮刺。单叶，卵形至长卵形，上面近无毛，下面脉上有柔毛和小皮刺，边缘 3~5 掌状分裂，裂片卵形或长圆状卵形，有不规则缺刻状锯齿；叶柄疏生柔毛和小皮刺。花数朵簇生或成短总状花序，常顶生；花瓣椭圆形或长圆形，白色。果实近球形，暗红色，无毛，有光泽；核具皱纹。花期 5~6 月，果期 7~9 月。生于向阳山坡灌木丛中或林缘。

茅莓 *Rubus parvifolius*

蔷薇科 Rosaceae ● 悬钩子属 *Rubus*

灌木。枝呈弓形弯曲，被柔毛和稀疏钩状皮刺。小叶 3 枚，菱状圆形或倒卵形，下面密被灰白色绒毛，边缘有不整齐粗锯齿或缺刻状粗重锯齿。伞房花序顶生或腋生，稀顶生花序成短总状；花萼外面密被柔毛和疏密不等的针刺；花瓣卵圆形或长圆形，粉红至紫红色。果实卵球形，红色；核有浅皱纹。花期 5~6 月，果期 7~8 月。生于山坡杂木林下、向阳山谷、路旁。

地榆 *Sanguisorba officinalis*

蔷薇科 Rosaceae　　地榆属 *Sanguisorba*

多年生草本。茎直立，有棱。基生叶为羽状复叶，有小叶4~6 对，小叶片有短柄，卵形或长圆状卵形，边缘有多数粗大圆钝稀急尖的锯齿，两面绿色；茎生叶较少，小叶片有短柄至几无柄，长圆形至长圆披针形，狭长。穗状花序椭圆形、圆柱形或卵球形，直立，从花序顶端向下开放；萼片 4 枚，紫红色，椭圆形至宽卵形。果实包藏在宿存萼筒内。花果期 7~10 月。生于草甸、山坡草地。

水榆花楸 *Sorbus alnifolia*

蔷薇科 Rosaceae　　花楸属 *Sorbus*

　　乔木。叶片卵形至椭圆卵形先端短渐尖，边缘有不整齐的尖锐重锯齿，有时微浅裂。复伞房花序较疏松；萼片三角形，先端急尖，外面无毛，内面密被白色绒毛；花瓣卵形或近圆形，白色；雄蕊 20，短于花瓣。果实椭圆形或卵形，红色或黄色，不具斑点或具极少数细小斑点，2 室，萼片脱落后果实先端残留圆斑。花期 5 月，果期 8~9 月。生于山坡、山沟或山顶混交林或灌木丛中。

土庄绣线菊 *Spiraea pubescens*

薔薇科 Rosaceae　　绣线菊属 *Spiraea*

灌木。小枝开展，褐黄色，老时灰褐色。叶片菱状卵形至椭圆形，边缘自中部以上有深刻锯齿，有时3裂，上面有稀疏柔毛，下面被灰色短柔毛。伞形花序具总梗；萼筒钟状，外面无毛，内面有灰白色短柔毛；萼片卵状三角形，先端急尖，内面疏生短柔毛；花瓣卵形，白色。蓇葖果。花期5~6月，果期7~8月。生于干燥岩石坡地、向阳或半阴处、杂木林内。

三裂绣线菊 *Spiraea trilobata*

🌿 蔷薇科 Rosaceae　🌸 绣线菊属 *Spiraea*

灌木。小枝细瘦，开展，嫩时褐黄色，无毛，老时暗灰褐色。叶片近圆形，两面无毛，下面色较浅。伞形花序具总梗，无毛；萼筒钟状，外面无毛，内面有灰白色短柔毛；萼片三角形；花瓣宽倒卵形，先端常微凹；子房被短柔毛，花柱比雄蕊短。蓇葖果。花期 5~6 月，果期 7~8 月。生于向阳坡地或灌木丛中。

合欢 *Albizia julibrissin*

豆科 Leguminosae   合欢属 *Albizia*

　　落叶乔木。小枝有棱角，嫩枝、花序和叶轴被绒毛或短柔毛。二回羽状复叶，总叶柄近基部及最顶 1 对羽片着生处各有 1 枚腺体；羽片 4~12 对；小叶 10~30 对，线形至长圆形，向上偏斜，先端有小尖头，有缘毛。头状花序于枝顶排成圆锥花序；花粉红色；花萼管状；花冠裂片三角形，花萼、花冠外均被短柔毛。荚果带状。花期 6~7 月，果期 8~10 月。生于山坡或栽培。

山合欢（山槐）*Albizia kalkora*

豆科 Leguminosae · 合欢属 *Albizia*

　　落叶小乔木。枝条暗褐色，被短柔毛，有显著皮孔。二回羽状复叶；羽片 2~4 对；小叶 5~14 对，长圆形或长圆状卵形，先端圆钝而有细尖头。头状花序 2~7 枚生于叶腋，或于枝顶排成圆锥花序；花初白色，后变黄，具明显的小花梗；花萼管状，5 齿裂；花冠中部以下连合呈管状，裂片披针形，花萼、花冠均密被长柔毛。荚果带状，深棕色。花期 5~6 月，果期 8~10 月。生于山坡、灌丛、疏林中。

紫穗槐 *Amorpha fruticosa*

豆科 Leguminosae 紫穗槐属 *Amorpha*

落叶灌木。小枝灰褐色。叶互生，奇数羽状复叶；小叶卵形；穗状花序常 1 至数个顶生和枝端腋生，密被短柔毛。花有短梗；花萼被疏毛，萼齿三角形，较萼筒短。荚果下垂，棕褐色。花、果期 5~10 月。生于山坡或谷地。

两型豆 *Amphicarpaea edgeworthii*

豆科 Leguminosae ⚫ 两型豆属 *Amphicarpaea*

一年生缠绕草本。茎纤细，被淡褐色柔毛。叶具羽状 3 小叶；小叶薄纸质，顶生小叶菱状卵形，基出脉 3。花二型，生在茎上部的为正常花，排成腋生的短总状花序；花冠淡紫色或白色；另生于下部为闭锁花。荚果二型；生于茎上部的完全花结的荚果为长圆形，扁平，被淡褐色柔毛；由闭锁花伸入地下结的荚果呈椭圆形或近球形。花果期 8~11 月。生于山坡、路旁及旷野草地上。

落花生 *Arachis hypogaea*

豆科 Leguminosae ● 落花生属 *Arachis*

一年生草本。茎直立或匍匐，茎和分枝均有棱。叶常具小叶 2
对；叶柄基部抱茎，被毛；小叶纸质，卵状长圆形至倒卵形，先端
钝圆形，具小刺尖头，基部近圆形，全缘，两面被毛，边缘具睫
毛；苞片 2，披针形。花冠黄色或金黄色；荚果膨胀，荚厚。花果
期 6~8 月。宜于气候温暖、生长季节较长、雨量适中的砂质土地
区。常栽培。

达乌里黄芪 *Astragalus dahuricus*

豆科 Leguminosae　　黄芪属 *Astragalus*

一年生或二年生草本。全株被开展、白色柔毛。茎直立，分枝，有细棱。羽状复叶有 11~23 片小叶；小叶长圆形，先端圆或略尖，基部钝或近楔形。总状花序较密，生 10~20 花；苞片线形或刚毛状；花萼斜钟状；花冠紫色；子房有柄，被毛。荚果线形，先端凸尖喙状，直立，内弯。花期 7~9 月，果期 8~10 月。生于山坡和河滩草地。

草木犀状黄芪 *Astragalus melilotoides*

豆科 Leguminosae　黄芪属 *Astragalus*

　　多年生草本。茎直立或斜生，多分枝，具条棱，被白色短柔毛或近无毛。羽状复叶有 5~7 片小叶；小叶长圆状楔形或线状长圆形，先端截形或微凹，基部渐狭，两面均被白色细伏贴柔毛。总状花序生多数花，稀疏；花冠白色或带粉红色；子房近无柄，无毛。荚果花期 7~8 月，果期 8~9 月。生于向阳山坡、路旁草地或草甸草地。

糙叶黄芪 *Astragalus scaberrimus*

豆科 Leguminosae　　黄芪属 *Astragalus*

　　多年生草本。全株密被白色伏贴毛。根状茎短缩，多分枝，木质化；地上茎不明显或极短，有时伸长而匍匐。羽状复叶；托叶下部与叶柄贴生；小叶椭圆形或近圆形，有时披针形，两面密被伏贴毛。总状花序腋生；花冠淡黄色或白色。荚果披针状长圆形，具短喙，背缝线凹入，革质，密被白色伏贴毛。花期4~8月，果期5~9月。生于山坡石砾质草地。

杭子梢 *Campylotropis macrocarpa*

豆科 Leguminosae ● 杭子梢属 *Campylotropis*

灌木。小枝贴生柔毛，嫩枝毛密，老枝常无毛。羽状复叶具 3 小叶；小叶椭圆形或宽椭圆形，中脉明显隆起，毛较密。总状花序单一腋生并顶生；花萼钟形，花冠紫红色或近粉红色。荚果长圆形，先端具短喙尖，无毛，具网脉，边缘生纤毛。花果期6~10 月。生于山坡、灌丛、林缘、山谷沟边及林中。

毛掌叶锦鸡儿 *Caragana leveillei*

豆科 Leguminosae ◆ 锦鸡儿属 *Caragana*

灌木。树皮深褐色。多分枝；小枝直伸，淡褐色，有条棱；嫩枝灰褐色，密被灰白色毛。假掌状复叶有 4 片小叶；托叶狭，具短刺尖，硬化成针刺；叶柄被灰白色毛，脱落或宿存；小叶密被柔毛，叶脉明显。花冠黄色或浅红色；子房密被长柔毛。荚果圆筒状，密被长柔毛。花期 4~5 月，果期 6 月。生于干山坡。

小叶锦鸡儿 *Caragana microphylla*

豆科 Leguminosae　　锦鸡儿属 *Caragana*

灌木。老枝深灰色或黑绿色。羽状复叶有 5~10 对小叶；小叶倒卵形或倒卵状长圆形，幼时被短柔毛。花冠黄色；子房无毛。荚果圆筒形，稍扁，具锐尖头。花期 5~6 月，果期 7~8 月。生于固定、半固定沙地。

红花锦鸡儿 *Caragana rosea*

豆科 Leguminosae ⊕ 锦鸡儿属 *Caragana*

灌木。树皮绿褐色或灰褐色。小枝细长，具条棱，托叶在长枝者成细针刺。叶假掌状；小叶4，楔状倒卵形。花冠黄色，常紫红色或全部淡红色，凋时变为红色；子房无毛。荚果圆筒形。花期4~6月，果期6~7月。生于山坡及沟谷。

豆茶决明 *Cassia nomame*

豆科 Leguminosae ● 决明属 *Cassia*

一年生草本。全株稍有毛,分枝或不分枝。叶柄的上端有黑褐色、盘状、无柄腺体 1 枚;小叶带状披针形,稍不对称。花生于叶腋,有柄,单生或 2 朵至数朵组成短的总状花序;萼片 5,分离,外面疏被柔毛;花瓣 5,黄色;子房密被短柔毛。荚果扁平,有毛,开裂。种子扁,近菱形,平滑。生于山坡和原野的草丛中。

山皂荚（日本皂荚）*Gleditsia japonica*

🌿豆科 Leguminosae　　🌼皂荚属 *Gleditsia*

落叶乔木。小枝微有棱，具分散的白色皮孔，光滑无毛；刺粗壮，紫褐色，常分枝。叶为一回或二回羽状复叶；小叶纸质至厚纸质，卵状长圆形，小叶柄极短。花黄绿色，组成穗状花序；花序被短柔毛；萼片3~4，三角状披针形，两面均被柔毛；花瓣4，椭圆形，被柔毛。荚果带形，不规则旋扭作镰刀状。花期4~6月，果期6~11月。生于向阳山坡或谷地、溪边路旁。

野大豆 *Glycine soja*

豆科 Leguminosae　　大豆属 *Glycine*

一年生缠绕草本。茎、小枝纤细，全体疏被褐色长硬毛。叶具 3 小叶，顶生小叶卵圆形，全缘，两面均被绢状的糙伏毛，侧生小叶斜卵状披针形。花梗密生黄色长硬毛；苞片披针形；花萼钟状，密生长毛，裂片 5；花冠淡红紫色或白色。荚果长圆形，稍弯，两侧稍扁，密被长硬毛。种子间稍缢缩，干时易裂。花期 7~8 月，果期 8~10 月。生于潮湿的田边、河岸、草甸。

少花米口袋 *Gueldenstaedtia verna*

豆科 Leguminosae　　米口袋属 *Gueldenstaedtia*

　　多年生草本。主根细长，具宿存托叶。叶被疏柔毛；小叶 7~19 片，两面被疏柔毛。伞形花序具 2~3 朵花，有时 4 朵；总花梗纤细，被白色疏柔毛，在花期较叶为长；花冠粉红色。种子肾形，具凹点。花期 4 月，果期 5~6 月。生于向阳的山坡、草地等处。

米口袋 *Gueldenstaedtia verna* subsp. *multiflora*

豆科 Leguminosae ● 米口袋属 *Gueldenstaedtia*

　　多年生草本。主根直下，分茎具宿存托叶。托叶三角形，基部合生；叶柄具沟，被白色疏柔毛；小叶长椭圆形至披针形，两面被疏柔毛。伞形花序；花冠红紫色；子房椭圆状，密被疏柔毛，花柱无毛，内卷。荚果长圆筒状，被长柔毛，成熟时毛稀疏，开裂。种子圆肾形，具不深凹点。花期5月，果期6~7月。生于林下、沟旁、路边。

河北木蓝 *Indigofera bungeana*

豆科 Leguminosae　木蓝属 *Indigofera*

直立灌木。茎褐色，圆柱形，有皮孔。枝银灰色，被灰白色丁字毛。羽状复叶，叶轴上面有槽，与叶柄均被灰色平贴丁字毛；小叶 2~4 对，对生，椭圆形。总状花序腋生；花冠紫色或紫红色；子房线形，被疏毛。荚果褐色，线状圆柱形，被白色丁字毛，种子间有横隔，内果皮有紫红色斑点。种子椭圆形。花期 5~6 月，果期 8~10 月。生于山坡、草地或河滩地。

花木蓝 *Indigofera kirilowii*

豆科 Leguminosae · 木蓝属 *Indigofera*

小灌木。茎圆柱形,无毛,幼枝有棱,疏生白色丁字毛。羽状复叶,叶轴上面略扁平,有浅槽,被毛或近无毛;托叶披针形,早落;小叶柄密生毛;小托叶钻形,宿存。总状花序;花冠淡红色,稀白色;子房无毛。荚果棕褐色,圆柱形,无毛,内果皮有紫色斑点。种子赤褐色,长圆形。花期 5~7 月,果期 8 月。生于山坡灌丛及疏林内或岩缝中。

长萼鸡眼草 *Kummerowia stipulacea*

❀ 豆科 Leguminosae　❀ 鸡眼草属 *Kummerowia*

　　一年生草本。茎平伏，上升或直立，多分枝，茎和枝上被疏生向上的白毛。叶为三出羽状复叶；托叶卵形，边缘通常无毛；叶柄短；小叶纸质，倒卵形，先端微凹或近截形，基部楔形，全缘；下面中脉及边缘有毛，侧脉多而密。花常1~2朵腋生；花冠上部暗紫色。荚果椭圆形或卵形。花期7~8月，果期8~10月。生于路旁、草地、山坡。

大山黧豆 *Lathyrus davidii*

豆科 Leguminosae · 山黧豆属 *Lathyrus*

多年生草本。具块根，茎粗壮，圆柱状，具纵沟。托叶大，半箭形；小叶两面无毛，上面绿色，下面苍白色，具羽状脉。总状花序腋生；花深黄色；子房线形，无毛。荚果线形，具长网纹。种子紫褐色。花期 5~7 月，果期 8~9 月。生于山坡、林缘、灌丛。

胡枝子 *Lespedeza bicolor*

豆科 Leguminosae　胡枝子属 *Lespedeza*

　　直立灌木。多分枝，小枝黄色或暗褐色，有条棱，被疏短毛。芽卵形，具数枚黄褐色鳞片。羽状复叶具 3 小叶；托叶 2 枚，线状披针形；小叶质薄，先端钝圆或微凹。总状花序腋生，比叶长，常构成大型、较疏松的圆锥花序；花冠红紫色；子房被毛。荚果斜倒卵形，稍扁，表面具网纹，密被短柔毛。花期 7~9 月，果期 9~10 月。生于山坡、林缘、路旁、灌丛及杂木林间。

长叶胡枝子 *Lespedeza caraganae*

豆科 Leguminosae　胡枝子属 *Lespedeza*

灌木。茎直立，多棱，沿棱被短伏毛；分枝斜升。托叶钻形；羽状复叶具 3 小叶；小叶长圆状线形，上面近无毛，下面被伏毛。总状花序腋生；花冠显著超出花萼，白色或黄色。有瓣花的荚果长圆状卵形，疏被白色伏毛，先端具喙；闭锁花的荚果倒卵状圆形，先端具短喙。花期 6~9 月，果期 10 月。生于山坡、路边、林下。

兴安胡枝子 *Lespedeza daurica*

豆科 Leguminosae　　胡枝子属 *Lespedeza*

　　小灌木。茎通常稍斜升，单一或数个簇生。老枝黄褐色或赤褐色，被短柔毛或无毛；幼枝绿褐色，有细棱，被白色短柔毛。羽状复叶具 3 小叶；托叶线形；顶生小叶较大。总状花序腋生；花冠白色或黄白色；闭锁花生于叶腋，结实。荚果小，倒卵形或长倒卵形，先端有刺尖，两面突起，有毛，包于宿存花萼内。花期 7~8 月，果期 9~10 月。生于干山坡、草地、路旁及砂质地上。

多花胡枝子 *Lespedeza floribunda*

豆科 Leguminosae　　胡枝子属 *Lespedeza*

　　小灌木。根细长。茎常近基部分枝。枝有条棱，被灰白色绒毛。托叶线形，先端刺芒状；羽状复叶具 3 小叶；小叶具柄，倒卵形，具小刺尖，上面被疏伏毛，下面密被白色伏柔毛；侧生小叶较小。总状花序腋生；总花梗细长，显著超出叶；花冠紫色、紫红色或蓝紫色。荚果宽卵形，超出宿存萼，密被柔毛，有网状脉。花期 6~9 月，果期 9~10 月。生于石质山坡。

绒毛胡枝子 *Lespedeza tomentosa*

🌿豆科 Leguminosae ⊕胡枝子属 *Lespedeza*

灌木。全株密被黄褐色绒毛。茎直立，单一或上部少分枝。羽状复叶具 3 小叶；小叶质厚，椭圆形或卵状长圆形，上面被短伏毛，下面密被黄褐色绒毛或柔毛，沿脉上尤多。总状花序顶生或于茎上部腋生；花冠黄色或黄白色；闭锁花生于茎上部叶腋，簇生成球状。荚果倒卵形，先端有短尖，表面密被毛。生于山坡草地及灌丛间。

天蓝苜蓿 *Medicago lupulina*

豆科 Leguminosae ● 苜蓿属 *Medicago*

草本。全株被柔毛或有腺毛；主根浅，须根发达。茎平卧或上升，多分枝，叶茂盛。羽状三出复叶；托叶卵状披针形；顶生小叶较大。花序小头状。总花梗细，密被贴伏柔毛；苞片刺毛状，甚小；花冠黄色；子房阔卵形，被毛，花柱弯曲。荚果肾形，表面具同心弧形脉纹，被稀疏毛，熟时变黑。有种子1枚；种子卵形，褐色，平滑。花期7~9月，果期8~10月。常见于河岸、路边、田野及林缘。

紫苜蓿 *Medicago sativa*

豆科 Leguminosae　苜蓿属 *Medicago*

多年生草本。根粗壮，深入土层，根颈发达。茎直立、丛生以至平卧，四棱形，无毛或微被柔毛，枝叶茂盛。羽状三出复叶；托叶大；叶柄比小叶短。花序总状或头状；花冠各色淡黄、深蓝至暗紫色；子房线形，具柔毛。荚果螺旋状紧卷，熟时棕色。种子卵形，平滑，黄色或棕色。花期5~7月，果期6~8月。生于田边、路旁、旷野、草原、河岸及沟谷等地。

草木犀 *Melilotus officinalis*

豆科 Leguminosae ● 草木犀属 *Melilotus*

二年生草本。茎直立，粗壮，多分枝，具纵棱，微被柔毛；羽状三出复叶；托叶镰状线形；小叶倒卵形、阔卵形、倒披针形至线形。总状花序长腋生；花冠黄色；子房卵状披针形。荚果卵形，先端具宿存花柱，表面具凹凸不平的横向细网纹，棕黑色。种子卵形，黄褐色，平滑。花期 5~9 月，果期 6~10 月。生于山坡、河岸、路旁、砂质草地及林缘。

豌豆 *Pisum sativum*

豆科 Leguminosae   豌豆属 *Pisum*

一年生攀缘草本。全株绿色，光滑无毛，被粉霜。叶具小叶 4~6 片，托叶比小叶大，叶状，心形，下缘具细牙齿；小叶卵圆形。花于叶腋单生或数朵排列为总状花序；花萼钟状，深 5 裂，裂片披针形；花冠多为白色和紫色。荚果肿胀，长椭圆形，顶端斜急尖。花期 6~7 月，果期 7~9 月。生于山坡、林缘、路旁。常栽培。

葛（葛藤） *Pueraria lobata*

豆科 Leguminosae　　葛属 *Pueraria*

　　粗壮藤本。全体被黄色长硬毛。茎基部木质，有粗厚的块状根。羽状复叶具 3 小叶；小叶三裂，顶生小叶宽卵形，先端长渐尖，侧生小叶斜卵形，稍小，上面被毛；小叶柄被黄褐色绒毛。总状花序中部以上有颇密集的花；花 2~3 朵聚生于花序轴的节上；花冠紫色；子房线形，被毛。荚果长椭圆形，扁平，被褐色长硬毛。花期 9~10 月，果期 11~12 月。生于山地林中。

刺槐（洋槐）*Robinia pseudoacacia*

豆科 Leguminosae　刺槐属 *Robinia*

落叶乔木。树皮灰褐色至黑褐色，浅裂至深纵裂，稀光滑。小枝灰褐色。叶轴上面具沟槽；小叶 2~12 对，常对生，椭圆形，全缘。总状花序腋生，下垂，花多数，芳香；花萼斜钟状，萼齿 5，卵状三角形，密被柔毛；花冠白色，各瓣均具瓣柄；雄蕊二体，对旗瓣的 1 枚分离。荚果褐色，线状长圆形，扁平，果颈短，沿腹缝线具狭翅；花萼宿存。花期 4~6 月，果期 8~9 月。生于路旁、沟边。

苦参 *Sophora flavescens*

豆科 Leguminosae 槐属 *Sophora*

　　草本或亚灌木。茎具纹棱，幼时疏被柔毛，后无毛。羽状复叶；托叶披针状线形；小叶 6~12 对，互生或近对生，纸质，形状多变。总状花序顶生；花冠比花萼长 1 倍，白色或淡黄白色；子房近无柄，被淡黄白色柔毛，花柱稍弯曲。荚果，种子间稍缢缩，呈不明显串珠状，稍四棱形，疏被短柔毛或近无毛，成熟后开裂成 4 瓣；种子长卵形，稍压扁，深红褐色或紫褐色。花期 6~8 月，果期 7~10 月。生于山坡、沙地草坡灌木林中或田野附近。

槐 *Sophora japonica*

豆科 Leguminosae　　槐属 *Sophora*

乔木。树皮灰褐色，具纵裂纹。当年生枝绿色，无毛。羽状复叶；叶轴初被疏柔毛，旋即脱净；叶柄基部膨大，包裹着芽；小叶4~7对，对生或近互生，纸质；小托叶2枚，钻状。圆锥花序顶生，常呈金字塔形；花冠白色或淡黄色。荚果串珠状，种子间缢缩不明显，具肉质果皮，成熟后不开裂；种子卵球形，淡黄绿色，干后黑褐色。花期7~8月，果期8~10月。生于路边、山坡、沟旁。

白车轴草 *Trifolium repens*

豆科 Leguminosae　　车轴草属 *Trifolium*

短期多年生草本。茎匍匐蔓生，全株无毛。掌状三出复叶；托叶卵状披针形，膜质；叶柄较长；小叶倒卵形，先端凹头至钝圆，中脉在下面隆起。花序球形，顶生；总花梗甚长，比叶柄长近1倍；苞片披针形，萼钟形，萼齿5，披针形，萼喉开张，无毛；花冠白色、乳黄色或淡红色，具香气；旗瓣椭圆形，比翼瓣和龙骨瓣长近1倍，龙骨瓣比翼瓣稍短。荚果长圆形。花果期5~10月。生于湿润草地、河岸、路边。

山野豌豆 *Vicia amoena*

🌿豆科 Leguminosae 🌼野豌豆属 *Vicia*

多年生草本。茎具棱，多分枝，斜升或攀缘。偶数羽状复叶，顶端卷须有 2~3 分支；小叶 4~7 对。总状花序通常长于叶；花 10~20 (~30) 密集着生于花序轴上部；花冠红紫色、蓝紫色或蓝色花期颜色多变；花萼斜钟状，萼齿近三角形，明显短于下萼齿；子房无毛，胚珠 6，花柱上部四周被毛。荚果长圆形。花期 4~6 月，果期 7~10 月。生于草甸、山坡、灌丛或杂木林中。

大花野豌豆（三齿萼野豌豆）*Vicia bungei*

豆科 Leguminosae ● 野豌豆属 *Vicia*

　　一年生或二年生缠绕或匍匐状草本。茎有棱，多分枝。托叶半箭头形；小叶 3~5 对，长圆形或狭倒卵长圆形。总状花序长于叶或与叶轴近等长；花冠红紫色或金蓝紫色；子房柄细长，沿腹缝线被金色绢毛，花柱上部被长柔毛。荚果扁长圆形。种子球形。花期 4~5 月，果期 6~7 月。生于山坡、谷地、草丛、田边及路旁。

蚕豆 *Vicia faba*

豆科 Leguminosae 野豌豆属 *Vicia*

一年生草本。茎粗壮，直立，具四棱，中空、无毛。偶数羽状复叶，叶轴顶端卷须短缩为短尖头；小叶通常 1~3 对，互生，小叶椭圆形，先端圆钝，具短尖头，基部楔形，全缘，两面均无毛。总状花序腋生；具花 2~4 朵呈丛状着生于叶腋，花冠白色，具紫色脉纹及黑色斑晕。荚果肥厚，表皮绿色被绒毛。花期 4~5 月，果期 5~6 月。生于山坡、草地、田边。常栽培。

歪头菜 *Vicia unijuga*

豆科 Leguminosae ◆ 野豌豆属 *Vicia*

　　多年生草本。根茎粗壮近木质，须根发达；常数茎丛生，具棱。叶轴末端为细刺尖头；小叶 1 对，卵状披针形或近菱形，两面均疏被微柔毛。总状花序呈圆锥状复总状花序；花冠蓝紫色、紫红色或淡蓝色；子房线形，花柱上部四周被毛。荚果扁，长圆形，表皮棕黄色，近革质，两端渐尖，先端具喙，成熟时腹背开裂，果瓣扭曲。种子扁圆球形。花期 6~7 月，果期 8~9 月。生于山地、林缘、草地、沟边及灌丛。

贼小豆 *Vigna minima*

豆科 Leguminosae   豇豆属 *Vigna*

一年生缠绕草本。茎纤细，无毛或被疏毛。羽状复叶具 3 小叶；托叶披针形，盾状着生，被疏硬毛；小叶的形状和大小变化颇大，卵形、卵状披针形、披针形或线形。总状花序柔弱；总花梗远长于叶柄；花萼钟状；花冠黄色，旗瓣极外弯，近圆形。荚果圆柱形，无毛，开裂后旋卷。种子 4~8 枚长圆形，深灰色，种脐线形，突起。花、果期 8~10 月。生于旷野、草丛或灌丛中。

紫藤 *Wisteria sinensis*

豆科 Leguminosae　　紫藤属 *Wisteria*

　　落叶藤本。茎左旋，枝较粗壮。奇数羽状复叶，小叶 3~6 对，纸质，卵状椭圆形；小托叶刺毛状，宿存。总状花序轴被白色柔毛；花冠紫色。荚果倒披针形，密被绒毛，扁平。花期 4~5 月，果期 5~8 月。生于路旁、林缘、沟谷。常栽培。

酢浆草 *Oxalis corniculata*

🌿 酢浆草科 Oxalidaceae ✿ 酢浆草属 *Oxalis*

草本。全株被柔毛。根茎稍肥厚。茎细弱，多分枝，直立或匍匐，匍匐茎节上生根；叶基生或茎上互生；托叶小，长圆形或卵形，边缘被密长柔毛，基部与叶柄合生；小叶3，无柄，倒心形，两面被柔毛或表面无毛，边缘具贴伏缘毛；花单生或数朵集为伞形花序状，腋生；花瓣5，黄色，长圆状倒卵形。蒴果长圆柱形；种子长卵形，褐色或红棕色。花、果期2~9月。生于山坡草地、河谷沿岸、路边、田边、荒地或林下阴湿处等。

牻牛儿苗 *Erodium stephanianum*

牻牛儿苗科 Geraniaceae ● 牻牛儿苗属 *Erodium*

　　多年生草本。根为直根，较粗壮，少分枝。茎多数，仰卧或蔓生，具节，被柔毛。叶对生；托叶三角状披针形，分离，被疏柔毛，边缘具缘毛；基生叶和茎下部叶具长柄；叶片轮廓卵形或三角状卵形，基部心形，二回羽状深裂。伞形花序腋生，花瓣紫红色，倒卵形，先端圆形或微凹；雄蕊稍长于萼片，花丝紫色，雌蕊被糙毛，花柱紫红色。蒴果种子褐色，具斑点。花期6~8月，果期8~9月。生于干山坡、农田边。

尼泊尔老鹳草 *Geranium nepalense* var. *nepalense*

🌱 牻牛儿苗科 Geraniaceae　🌿 老鹳草属 *Geranium*

多年生草本。茎多数，细弱，多分枝，仰卧，被倒生柔毛。叶对生或偶为互生；基生叶和茎下部叶具长柄，叶柄被开展的倒向柔毛；叶片五角状肾形，茎部心形，掌状 5 深裂，上部叶具短柄，叶片较小，通常 3 裂。总花梗腋生，长于叶，被倒向柔毛，每梗 2 花，少有 1 花；萼片卵状披针形，被疏柔毛，边缘膜质；花瓣紫红色或淡紫红色，倒卵形。蒴果，果瓣被长柔毛。花期 4~9 月，果期 5~10 月。生于山地阔叶林林缘、灌丛、荒山草坡。

鼠掌老鹳草 *Geranium sibiricum*

牻牛儿苗科 Geraniaceae　　老鹳草属 *Geranium*

一年生或多年生草本。根为直根，有时具不多的分枝。茎纤细，仰卧或近直立，多分枝，具棱槽，被倒向疏柔毛。叶对生；基生叶和茎下部叶具长柄；下部叶片肾状五角形，基部宽心形，掌状 5 深裂。总花梗丝状，单生于叶腋，被倒向柔毛或伏毛，具 1 花或偶具 2 花；花瓣倒卵形，淡紫色或白色，等于或稍长于萼片。蒴果果梗下垂。种子肾状椭圆形，黑色。花期 6~7 月，果期 8~9 月。生于林缘、灌丛、沟旁、路边。

老鹳草 *Geranium wilfordii*

牻牛儿苗科 Geraniaceae   老鹳草属 *Geranium*

多年生草本。茎直立，单生，假二叉状分枝，被毛。叶基生和茎生叶对生；基生叶片圆肾形，5 深裂达 2/3 处。花序腋生和顶生，稍长于叶，总花梗被倒向短柔毛，有时混生腺毛，每梗具 2 花；花、果期通常直立；萼片长卵形或卵状椭圆形；花瓣白色或淡红色。蒴果被短柔毛和长糙毛。花期 6~8 月，果期 8~9 月。生于低山林下、草甸。

蒺藜 *Tribulus terrestris*

蒺藜科 Zygophyllaceae　　蒺藜属 *Tribulus*

　　一年生草本。茎平卧，无毛，被长柔毛或长硬毛。偶数羽状复叶；小叶 3~8 对，矩圆形或斜短圆形，被柔毛，全缘。花腋生，花黄色；萼片 5 枚，宿存；花瓣 5 枚；雄蕊 10 枚。果实中部边缘有锐刺 2 枚，下部常有小锐刺 2 枚，其余部位常有小瘤体。花期 5~8 月，果期 6~9 月。生于沙地、荒地、山坡、居民点附近。

亚麻 *Linum usitatissimum*

亚麻科 Linaceae 亚麻属 *Linum*

一年生草本。茎直立，多在上部分枝，有时自茎基部亦有分枝，基部木质化，无毛。叶互生，叶片线形，线状披针形或披针形，先端锐尖，基部渐狭，无柄，内卷。花单生于枝顶或枝的上部叶腋，组成疏散的聚伞花序；花瓣 5，倒卵形，蓝色或紫蓝色，稀白色或红色。蒴果球形，干后棕黄色。种子长圆形，扁平，棕褐色。花期 6~8 月，果期 7~10 月。生于沟谷、林缘。

铁苋菜 *Acalypha australis*

大戟科 Euphorbiaceae   铁苋菜属 *Acalypha*

一年生草本。叶膜质，长卵形、近菱状卵形或阔披针形，边缘具圆锯，上面无毛，下面沿中脉具柔毛；基出脉 3 条，侧脉 3 对；托叶披针形，具短柔毛。雌雄花同序，花序腋生，稀顶生，苞腋具雌花 1~3 朵。蒴果，具 3 个分果爿，果皮具疏生毛和毛基变厚的小瘤体。花果期 4~12 月。生于较湿润耕地和空旷草地，有时生于石灰岩山地疏林下。

地锦 *Euphorbia humifusa*

大戟科 Euphorbiaceae 大戟属 *Euphorbia*

一年生草本。茎匍匐，自基部以上多分枝，基部常红色或淡红色。叶对生，矩圆形或椭圆形；叶面绿色，叶背淡绿色，有时淡红色。花序单生于叶腋；总苞陀螺状，边缘4裂，裂片三角形；雄花数枚，近与总苞边缘等长；雌花1枚，子房柄伸出至总苞边缘；子房三棱状卵形，光滑无毛。蒴果三棱状卵球形，花柱宿存。花果期5~10月。生于路旁、田间。

通奶草 *Euphorbia indica*

🌿 大戟科 Euphorbiaceae　　⊕ 大戟属 *Euphorbia*

　　一年生草本。茎直立，自基部分枝或不分枝。叶对生，狭长圆形或倒卵形，通常偏斜，不对称，边缘全缘或基部以上具细锯齿；苞叶 2 枚，与茎生叶同形。花序数个簇生于叶腋或枝顶，总苞陀螺状。花果期 8~12 月。生于旷野荒地、路旁、灌丛及田间。

斑地锦（美洲地锦）*Euphorbia maculata*
大戟科 Euphorbiaceae ◎ 大戟属 *Euphorbia*

一年生草本。茎匍匐，被白色疏柔毛。叶对生，长椭圆形至肾状长圆形，叶面绿色，中部有一个长圆形的紫色斑点，两面无毛。花序单生于叶腋，总苞狭杯状；腺体4，黄绿色，横椭圆形，边缘具白色附属物；雄花4~5，微伸出总苞外；雌花1，子房柄伸出总苞外，且被柔毛。蒴果三角状卵形。花果期4~9月。生于平原或低山坡的路旁。

大戟（猫眼草）*Euphorbia pekinensis*

大戟科 Euphorbiaceae　　大戟属 *Euphorbia*

多年生草本。根圆柱状。茎单生或自基部多分枝，每个分枝上部又分枝。叶互生，常为椭圆形，变异较大，边缘全缘；总苞叶 4~7 枚，长椭圆形；苞叶 2 枚，近圆形。花序单生于二歧分枝顶端；总苞杯状，边缘 4 裂，裂片半圆形；雄花多数，伸出总苞之外；雌花 1 枚；花柱宿存且易脱落。蒴果球状。花期 5~8 月，果期 6~9 月。生于山坡、灌丛、路旁、荒地、草丛和疏林内。

一叶萩 *Flueggea suffruticosa*

大戟科 Euphorbiaceae ✿白饭树属 *Flueggea*

灌木。多分枝；小枝浅绿色，近圆柱形，有棱槽，有不明显的皮孔；全株无毛。叶片纸质，椭圆形或长椭圆形。花小，雌雄异株，簇生于叶腋。蒴果三棱状扁球形，直径约 5mm，成熟时淡红褐色，有网纹，3 片裂。花期 3~8 月，果期 6~11 月。生于山坡、灌丛中或山沟、路边。

雀儿舌头（雀舌木）*Leptopus chinensis*

🌿大戟科 Euphorbiaceae　🌸雀舌木属 *Leptopus*

　　直立灌木。叶片膜质至薄纸质，卵形、近圆形、椭圆形或披针形；托叶小。花小，雌雄同株，单生或 2~4 朵簇生于叶腋；萼片、花瓣和雄蕊均为 5；萼片浅绿色；花瓣白色，膜质；花盘腺体 5，分离，顶端 2 深裂。蒴果圆球形或扁球形，基部有宿存的萼片。花期 2~8 月，果期 6~10 月。生于山地、灌丛、林缘、路旁。

叶下珠 *Phyllanthus urinaria*

大戟科 Euphorbiaceae　　叶下珠属 *Phyllanthus*

一年生草本。茎通常直立，基部多分枝。枝具翅状纵棱。叶片纸质，因叶柄扭转而呈羽状排列，长圆形或倒卵形；叶柄极短；托叶卵状披针形。花雌雄同株。蒴果圆球状，红色，表面具小凸刺，有宿存的花柱和萼片。花期 4~6 月，果期 7~11 月。生于山地、路旁或林缘。

蓖麻 *Ricinus communis*

大戟科 Euphorbiaceae　蓖麻属 *Ricinus*

　　一年生粗壮草本或草质灌木。小枝、叶和花序通常被白霜，茎多液汁。叶轮廓近圆形，掌状 7~11 裂，边缘具锯齿；托叶长三角形，早落。总状花序或圆锥花序。蒴果卵球形或近球形，果皮具软刺或平滑。种子椭圆形，微扁平，平滑，斑纹淡褐色或灰白色；种阜大。花果期 6~9 月。生于田间、路旁。常栽培。

臭檀 *Evodia daniellii*

芸香科 Rutaceae　吴茱萸属 *Evodia*

　　落叶乔木。叶有小叶 5~11 片，小叶纸质，有时颇薄，阔卵形、卵状椭圆形。伞房状聚伞花序，花序轴及分枝被灰白色或棕黄色柔毛，花蕾近圆球形；萼片及花瓣均 5 片。分果瓣紫红色，干后变淡黄或淡棕色，背部无毛，两侧面被疏短毛。种子卵形，褐黑色，有光泽，种脐线状纵贯种子的腹面。花期 6~8 月，果期 9~11 月。生于平地及山坡向阳地。

黄檗 *Phellodendron amurense*

芸香科 Rutaceae ● 黄檗属 *Phellodendron*

　　乔木。成年树的树皮有厚木栓层，浅灰或灰褐色，深沟状或不规则网状开裂，内皮薄，鲜黄色，味苦，黏质。小枝暗紫红色，无毛。叶轴及叶柄均纤细，小叶薄纸质或纸质，卵状披针形或卵形。花序顶生；萼片细小，阔卵形；花瓣紫绿色。果圆球形，蓝黑色。种子通常 5 枚。花期 5~6 月，果期 9~10 月。生于山地杂木林中或山区河谷地。

花椒 *Zanthoxylum bungeanum*

芸香科 Rutaceae　花椒属 *Zanthoxylum*

　　落叶小乔木。茎干上的刺常早落。枝有短刺，小枝上的刺基部宽而扁且劲直的长三角形，当年生枝被短柔毛。叶有小叶 5~13片，叶轴常有甚狭窄的叶翼；小叶对生，无柄，叶缘有细裂齿，齿缝有油点。花序顶生或生于侧枝之顶；花被片 6~8 片，黄绿色。果紫红色，散生微突起的油点。花期 4~5 月，果期 8~9 月。生于较高的山地、阳坡或路边。

青花椒 *Zanthoxylum schinifolium*

❀ 芸香科 Rutaceae　❀ 花椒属 *Zanthoxylum*

灌木。茎枝有短刺，刺基部两侧压扁状。嫩枝暗紫红色。叶有小叶 7~19 片；小叶纸质，对生，几无柄，位于叶轴基部的常互生。花序顶生，花或多或少；花瓣淡黄白色。分果瓣红褐色，干后变暗，苍绿或褐黑色。花期 7~9 月，果期 9~12 月。生于山地疏林或灌木丛中。

臭椿 *Ailanthus altissima*

苦木科 Simarubaceae ● 臭椿属 *Ailanthus*

落叶乔木。树皮平滑而有直纹。嫩枝有髓，幼时被黄色或黄褐色柔毛，后脱落。叶为奇数羽状复叶；小叶对生或近对生，纸质，卵状披针形，两侧各具 1 或 2 个粗锯齿，齿背有腺体 1 个，叶面深绿色，背面灰绿色，柔碎后具臭味。圆锥花序；花淡绿色；花瓣 5；雄蕊 10。翅果长椭圆形。种子位于翅的中间，扁圆形。花期 4~5 月，果期 8~10 月。生于石灰岩山地或路旁。

苦树 *Picrasma quassioides*

🌲苦木科 Simarubaceae　🌱苦树属 *Picrasma*

　　落叶乔木。树皮紫褐色，平滑，有灰色斑纹，全株有苦味。叶互生，奇数羽状复叶；小叶 9~15，卵状披针形或广卵形，边缘具不整齐的粗锯齿，先端渐尖，基部楔形，除顶生叶外，其余小叶基部均不对称，叶面无毛；落叶后留叶痕。花雌雄异株，组成腋生复聚伞花序；萼片小，通常 5，外面被黄褐色微柔毛，覆瓦状排列；花瓣与萼片同数，卵形。核果成熟后蓝绿色，种皮薄，萼宿存。花期 4~5 月，果期 6~9 月。生于山地杂木林中。

香椿 *Toona sinensis*

楝科 Meliaceae · 香椿属 *Toona*

　　乔木。树皮粗糙，深褐色，片状脱落。叶具长柄，偶数羽状复叶；小叶 16~20，对生或互生，纸质，卵状披针形或卵状长椭圆形，背面常呈粉绿色。圆锥花序与叶等长或更长，被稀疏的锈色短柔毛或有时近无毛，小聚伞花序生于短的小枝上，多花；花瓣 5，白色，长圆形，先端钝。蒴果狭椭圆形，深褐色。花期 6~8 月，果期 10~12 月。生于山地杂木林或疏林中。

西伯利亚远志 *Polygala sibirica*

远志科 Polygalaceae　　远志属 *Polygala*

　　多年生草本。根直立或斜生，木质。茎丛生，通常直立，被短柔毛。叶互生，叶片纸质至亚革质，下部叶小卵形，先端钝；上部叶大，披针形或椭圆状披针形，先端钝，具骨质短尖头，基部楔形，全缘，略反卷，绿色，两面被短柔毛，主脉上面凹陷，背面隆起，具短柄。总状花序腋外生或假顶生，通常高出茎顶，被短柔毛，具少数花；花瓣 3，蓝紫色。蒴果倒心形。花期 4~7月，果期 5~8 月。生于石砾或石灰岩山地、灌丛、林缘、草地。

远志 *Polygala tenuifolia*

远志科 Polygalaceae　远志属 *Polygala*

多年生草本。主根粗壮，韧皮部肉质，浅黄色。茎多数丛生，直立或倾斜，具纵棱槽，被短柔毛。单叶互生，叶片纸质，线形至线状披针形，先端渐尖，基部楔形，全缘，反卷，无毛或极疏被微柔毛，主脉上面凹陷，背面隆起，近无柄。总状花序呈扁侧状生于小枝顶端；花瓣3，紫色。蒴果圆形。花果期5~9月。生于山坡、草地、灌丛及杂木林下。

灰毛黄栌（红叶） *Cotinus coggygria* var. *cinerea*

漆树科 Anacardiaceae　黄栌属 *Cotinus*

灌木。叶倒卵形或卵圆形，先端圆形或微凹，全缘，两面或尤其叶背显著被灰色柔毛。圆锥花序被柔毛；花杂性；花萼无毛，裂片卵状三角形；花瓣卵形或卵状披针形；雄蕊5，长约花柱3，分离，不等长。果肾形，无毛。生于向阳山坡林中。

火炬树 *Rhus typhina*

漆树科 Anacardiaceae　　盐肤木属 *Rhus*

落叶小乔木。分枝少；小枝密生长绒毛。小叶 11~31，长椭圆状披针形，长 5~13cm，缘有锯齿，叶轴无翅；秋后树叶变红。雌雄异株，花淡绿色，有短柄；顶生圆锥花序，密生有毛。果红色，有毛，密集成圆锥状火炬形。花期 5~7 月，果期 9~10 月。生于林缘路旁。其变种为裂叶火炬树 *Rhus typhina* f. *laciniata*，与火炬树的区别为小叶及苞片羽状条裂。

漆树 *Toxicodendron vernicifluum*

漆树科 Anacardiaceae　　漆树属 *Toxicodendron*

　　落叶乔木。奇数羽状复叶互生，常螺旋状排列；小叶膜质至薄纸质，全缘，两面略突；小叶柄上面具槽。圆锥花序；花黄绿色；花瓣具细密的褐色羽状脉纹，开花时外卷；花盘 5 浅裂。核果肾形或椭圆形，略压扁，果核棕色，与果同形坚硬。花期 5~6 月，果期 7~10 月。生于向阳山坡林内。

葛萝槭 *Acer grosseri*

槭树科 Aceraceae　　槭属 *Acer*

　　落叶乔木。树皮光滑，淡褐色。小枝无毛，细瘦，当年生枝绿色或紫绿色，多年生枝灰黄色或灰褐色。叶纸质，卵形，边缘具密而尖锐的重锯齿，5裂。花淡黄绿色，单性，雌雄异株，常成细瘦下垂的总状花序。翅果嫩时淡紫色，成熟后黄褐色。花期4月，果期9月。生于海拔较高疏林中。

元宝槭 *Acer truncatum*

槭树科 Aceraceae ● 槭属 *Acer*

落叶乔木。叶纸质，上面深绿色，无毛，下面淡绿色；主脉5条，在上面显著，在下面微突起。花黄绿色，杂性，雄花与两性花同株，常成无毛的伞房花序。翅果嫩时淡绿色，成熟时淡黄色或淡褐色，常成下垂的伞房果序；小坚果压扁状。花期4月，果期8月。生于疏林中。

栾树 *Koelreuteria paniculata*

无患子科 Sapindaceae ❀ 栾树属 *Koelreuteria*

　　落叶乔木。树皮厚，灰褐色至灰黑色，老时纵裂；皮孔小，灰至暗褐色。小枝具疣点，与叶轴、叶柄均被皱曲的短柔毛或无毛。叶丛生于当年生枝上，平展，一回、不完全二回或偶有二回羽状复叶。聚伞圆锥花序，密被微柔毛；花淡黄色。蒴果圆锥形，具3棱，果瓣卵形，外面有网纹。花期6~8月，果期9~10月。生于山坡向阳处。常庭园栽培。

水金凤 *Impatiens noli-tangere*

凤仙花科 Balsaminaceae　　凤仙花属 *Impatiens*

一年生草本。茎较粗壮，肉质，直立，上部多分枝，无毛，下部节常膨大，有多数纤维状根。叶互生，叶片卵形或卵状椭圆形，先端钝，稀急尖，基部圆钝或宽楔形，边缘有粗圆齿状齿，齿端具小尖，两面无毛，上面深绿色，下面灰绿色；叶柄纤细。花黄色。蒴果线状圆柱形。花期 7~9 月。生于山坡林下、林缘草地或沟边。

南蛇藤 *Celastrus orbiculatus*

卫矛科 Celastraceae　　南蛇藤属 *Celastrus*

　　藤状灌木。小枝光滑无毛，灰棕色或棕褐色，具稀而不明显的皮孔。叶通常阔倒卵形，近圆形或长方椭圆形，具有小尖头或短渐尖，边缘具锯齿。聚伞花序腋生，间有顶生；雌花花冠较雄花窄小，花盘稍深厚，肉质。蒴果近球状。种子椭圆状稍扁，赤褐色。花期 5~6 月，果期 7~10 月。生于山坡、灌丛。

卫矛（鬼箭羽）*Euonymus alatus*

卫矛科 Celastraceae　　卫矛属 *Euonymus*

　　灌木。小枝常具宽阔木栓翅。叶卵状椭圆形，边缘具细锯齿，两面光滑无毛。聚伞花序；花白绿色；花瓣近圆形。蒴果1~4深裂，裂瓣椭圆状。种子椭圆状或阔椭圆状，种皮褐色或浅棕色，假种皮橙红色，全包种子。花期5~6月，果期7~10月。生于山坡、沟地边缘。

白杜 *Euonymus maackii*

卫矛科 Celastraceae ⚫ 卫矛属 *Euonymus*

小乔木。叶卵状椭圆形、卵圆形或窄椭圆形，边缘具细锯齿，有时极深而锐利；叶柄通常细长。聚伞花序 3 至多花，花序梗略扁；花 4 数，淡白绿色或黄绿色；雄蕊花药紫红色。蒴果倒圆心状，4 浅裂，成熟后果皮粉红色。种皮棕黄色，假种皮橙红色，全包种子。花期 5~6 月，果期 9 月。生于向阳山坡或疏林下。

锐齿鼠李 *Rhamnus arguta*

鼠李科 Rhamnaceae ⊕ 鼠李属 *Rhamnus*

灌木或小乔木。树皮灰褐色。小枝常对生或近对生，暗紫色或紫红色，光滑无毛，枝端有时具针刺；顶芽较大，长卵形，紫黑色，具数个鳞片，鳞片边缘具缘毛。叶薄纸质或纸质，近对生或对生，在短枝上簇生，卵状心形或卵圆形，稀近圆形或椭圆形，边缘具密锐锯齿。花单性，雌雄异株。核果球形或倒卵状球形，成熟时黑色。种子矩圆状卵圆形，淡褐色。花期 5~6 月，果期 6~9 月。生于山坡、灌丛中。

卵叶鼠李 *Rhamnus bungeana*

鼠李科 Rhamnaceae　鼠李属 *Rhamnus*

　　小灌木。高达 2m。小枝对生或近对生，灰褐色，无光泽，被微柔毛，枝端具紫红色针刺。叶对生或近对生，或在短枝上簇生，纸质，卵形、卵状披针形或卵状椭圆形，边缘具细圆齿，上面绿色，无毛，下面干时常变黄色，沿脉或脉腋被白色短柔毛。花小，黄绿色，单性，雌雄异株。核果倒卵状球形或圆球形，成熟时紫色或黑紫色。花期 4~5 月，果期 6~9 月。生于山坡阳处或灌丛中。

朝鲜鼠李 *Rhamnus koraiensis*

鼠李科 Rhamnaceae ❹ 鼠李属 *Rhamnus*

　　灌木。枝互生，灰褐色或紫黑色，平滑，稍有光泽，枝端具针刺。叶纸质或薄纸质，互生或在短枝上簇生，宽椭圆形，边缘有圆齿状锯齿，被短柔毛；叶柄被密短柔毛。花单性，雌雄异株，4 基数，有花瓣，黄绿色，被微毛。核果倒卵状球形，紫黑色，种子暗褐色。花期 4~5 月，果期 6~9 月。生于低海拔的杂木林或灌丛中。

小叶鼠李 *Rhamnus parvifolia*

鼠李科 Rhamnaceae　　鼠李属 *Rhamnus*

灌木。小枝对生或近对生，紫褐色，初时被短柔毛，后变无毛，平滑，稍有光泽，枝端及分叉处有针刺。芽卵形，黄褐色。叶纸质，对生或近对生，或在短枝上簇生，菱状倒卵形或菱状椭圆形，边缘具圆齿状细锯齿，上面深绿色，无毛或被疏短柔毛，下面浅绿色，干时灰白色。花单性，雌雄异株，黄绿色。核果倒卵状球形，成熟时黑色。种子矩圆状倒卵圆形，褐色。花期4~5月，果期6~9月。生于向阳山坡或灌丛中。

酸枣 *Ziziphus jujuba* var. *spinosa*

鼠李科 Rhamnaceae 枣属 *Ziziphus*

　　落叶小乔木。树皮褐色或灰褐色。长枝光滑，紫红色或灰褐色，呈之字形曲折，具 2 个托叶刺，粗直，短刺下弯；当年生小枝绿色。叶纸质，卵形、卵状椭圆形，基部稍不对称，近圆形，边缘具圆齿状锯齿，上面深绿色，无毛，下面浅绿色；托叶刺纤细，后期常脱落。花黄绿色，两性；单生或 2~8 个密集成腋生聚伞花序。核果矩圆形或长卵圆形，成熟时红色，后变红紫色。花期 5~7 月，果期 8~9 月。

掌裂草葡萄（草白蔹）*Ampelopsis aconitifolia* var. *palmiloba*

葡萄科 Vitaceae　　🔹 蛇葡萄属 *Ampelopsis*

　　木质藤本。小枝圆柱形，有纵棱纹，被疏柔毛。卷须 2~3 叉分枝，相隔 2 节间断与叶对生。掌状 5 小叶，小叶大多不分裂，边缘锯齿通常较深而粗，或混生有浅裂叶者，光滑无毛或叶下面微被柔毛。花序为疏散的伞房状复二歧聚伞花序，通常与叶对生或假顶生；花瓣 5，卵圆形，无毛。果实近球形。种子倒卵圆形，基部有短喙，种脐在种子背面中部近圆形。花期 5~8 月，果期 7~9 月。生于沟边或山坡灌丛。

葎叶蛇葡萄 *Ampelopsis humulifolia*

葡萄科 Vitaceae   蛇葡萄属 *Ampelopsis*

　　木质藤本。小枝圆柱形，有纵棱纹，无毛。卷须 2 叉分枝，相隔 2 节间断与叶对生。单叶，心状五角形或肾状五角形，顶端渐尖，基部心形，边缘有粗锯齿，上面绿色，无毛，下面粉绿色；托叶早落。多歧聚伞花序与叶对生。果实近球形。种子倒卵圆形。花期 5~7 月，果期 5~9 月。生于山坡、沟谷、灌丛。

五叶地锦（五叶爬山虎）*Parthenocissus quinquefolia*

葡萄科 Vitaceae 　地锦属 *Parthenocissus*

　　木质藤本。小枝圆柱形，无毛。卷须总状分枝，相隔 2 节间断与叶对生，卷须顶端嫩时尖细卷曲，后遇附着物扩大成吸盘。掌状 5 小叶，小叶倒卵圆形、倒卵椭圆形，边缘有粗锯齿，上面绿色，下面浅绿色。花序假顶生形成主轴明显的圆锥状多歧聚伞花序。果实球形。种子倒卵形，顶端圆形。花期 6~7 月，果期 8~10 月。生于山坡崖壁。优良的垂直绿化植物。

地锦（爬山虎）*Parthenocissus tricuspidata*

葡萄科 Vitaceae　　地锦属 *Parthenocissus*

　　木质藤本。小枝圆柱形。卷须 5~9 分枝，相隔 2 节间断与叶对生；卷须顶端嫩时膨大呈圆珠形，后遇附着物扩大成吸盘。单叶，3 浅裂，边缘有粗锯齿，基出脉 5。花序着生在短枝上，形成多歧聚伞花序，花瓣 5。果实球形。花期 5~8 月，果期 9~10 月。生于山坡崖石壁或灌丛。著名的垂直绿化植物。

山葡萄 *Vitis amurensis*

葡萄科 Vitaceae ❀ 葡萄属 *Vitis*

木质藤本。小枝圆柱形，无毛，嫩枝疏被蛛丝状绒毛。卷须2~3分枝，每隔2节间断与叶对生。叶阔卵圆形，叶基部心形，边缘每侧有粗锯齿，齿端急尖，上面绿色；托叶膜质，褐色。圆锥花序疏散，与叶对生。果实球形。种子倒卵圆形，顶端微凹，基部有短喙。花期5~6月，果期7~9月。生于山坡、沟谷林中或灌丛。

桑叶葡萄 *Vitis heyneana* subsp. *ficifolia*

葡萄科 Vitaceae　　葡萄属 *Vitis*

　　木质藤本。小枝被毛，髓心褐色。卷须 2 叉分枝，密被绒毛，每隔 2 节间断与叶对生。叶卵圆形、长卵椭圆形，叶片常有 3 浅裂至中裂并混生有不分裂叶者，叶被密被灰色或褐色绒毛；叶柄长 2.5~6cm，密被蛛丝状绒毛。花杂性异株；圆锥花序疏散，与叶对生。果实圆球形，成熟时紫黑色。花期 4~6 月，果期 6~10 月。生于山坡、沟谷灌丛、林缘或林中。

黄海棠 *Hypericum ascyron*

藤黄科 Guttiferae ❀ 金丝桃属 *Hypericum*

多年生草本。茎直立或在基部上升，单一或数茎丛生，不分枝或上部具分枝，茎及枝条幼时具 4 棱，后明显具 4 纵线棱。叶无柄，叶片披针形、长圆状披针形，基部楔形或心形而抱茎，全缘，坚纸质，上面绿色，下面通常淡绿色且散布淡色腺点。花序顶生，近伞房状至狭圆锥状；花瓣金黄色。蒴果棕褐色。花期 7~8 月，果期 8~9 月。生于山坡林下、林缘、灌丛间。

苘麻 *Abutilon theophrasti*

■ 锦葵科 Malvaceae　● 苘麻属 *Abutilon*

一年生亚灌木状草本。茎枝被柔毛。叶互生，圆心形，边缘具细圆锯齿，两面均密被星状柔毛；叶柄被星状细柔毛；托叶早落。花单生于叶腋；花萼杯状，密被短绒毛；花黄色，花瓣倒卵形。蒴果半球形。花期 7~8 月。生于山野或田埂。

蜀葵 *Althaea rosea*

锦葵科 Malvaceae **蜀葵属 *Althaea***

二年生直立草本。茎枝密被刺毛。叶近圆心形,掌状 5~7 浅裂或波状棱角,裂片三角形或圆形,上面疏被星状柔毛,粗糙,下面被星状长硬毛或绒毛;叶柄被星状长硬毛;托叶卵形,先端具 3 尖。花腋生,单生或近簇生,排列成总状花序式,具叶状苞片;花大,有红、紫、白、粉红、黄和黑紫等色,单瓣或重瓣,花瓣倒卵状三角形。花期 2~8 月。生于沟旁路边。栽培供园林观赏用。

野西瓜苗 *Hibiscus trionum*

🌿 锦葵科 Malvaceae　　🌸 木槿属 *Hibiscus*

一年生直立或平卧草本。茎柔软，被白色星状粗毛。叶二型，下部的叶圆形，不分裂，上部的叶掌状 3~5 深裂，中裂片较长，两侧裂片较短，裂片倒卵形至长圆形，通常羽状全裂，上面疏被粗硬毛或无毛，下面疏被星状粗刺毛。花单生于叶腋；花淡黄色，内面基部紫色，花瓣 5，倒卵形。花期 7~10 月。生于山野或田埂。

光果田麻 *Corchoropsis psilocarpa*

椴树科 Tiliaceae ◆ 田麻属 *Corchoropsis*

一年生草本。分枝带紫红色，有白色短柔毛和平展的长柔毛。叶卵形或狭卵形，边缘有钝牙齿，两面均密生星状短柔毛。花单生于叶腋；萼片5，狭披针形；花瓣5，黄色，倒卵形。蒴果角状圆筒形，裂成3瓣；种子卵形。花期6~7月，果期9~10月。生于草坡、田边或多石处。

扁担杆 *Grewia biloba*

椴树科 Tiliaceae ⊕ 扁担杆属 *Grewia*

　　灌木或小乔木。叶薄革质，椭圆形或倒卵状椭圆形，先端锐尖，基部楔形或钝，两面有稀疏星状粗毛，边缘有细锯齿；叶柄被粗毛；托叶钻形。聚伞花序腋生，多花；苞片钻形。核果红色。花期5~7月，果期8~10月。生于山坡或多石处。

紫椴 *Tilia amurensis*

椴树科 Tiliaceae　椴树属 *Tilia*

乔木。树皮暗灰色，片状脱落。叶阔卵形或卵圆形，先端急尖或渐尖，基部心形，上面无毛，下面浅绿色，边缘有锯齿，齿尖突出 1mm；叶柄纤细，无毛。聚伞花序；苞片狭带形；萼片阔披针形，外面有星状柔毛。果实卵圆形，被星状茸毛，有棱或有不明显的棱。花期 7 月，果期 9 月。生于山坡杂木林中。

糠椴 *Tilia mandshurica*

椴树科 Tiliaceae ● 椴树属 *Tilia*

　　乔木。树皮暗灰色。叶卵圆形，先端短尖，基部斜心形或截形，上面无毛，下面密被灰色星状茸毛，边缘有三角形锯齿。聚伞花序，花序柄有毛；苞片窄长圆形或窄倒披针形，上面无毛，下面有星状柔毛，先端圆，基部钝；萼片外面有星状柔毛，内面有长丝毛。果实球形，有5条不明显的棱。花期7月，果实于9月成熟。生于山坡阔叶林或疏林中。

蒙椴 *Tilia mongolica*

椴树科 Tiliaceae　椴树属 *Tilia*

乔木。树皮淡灰色,有不规则薄片状脱落。叶阔卵形或圆形,先端渐尖,常出现3裂,基部微心形或斜截形,上面无毛,边缘有粗锯齿,齿尖突出。聚伞花序,花序柄无毛;苞片窄长圆形,两面均无毛,上下两端钝,下半部与花序柄合生;萼片披针形。果实倒卵形,被毛。花期7月,果期9月。生于山坡阔叶林或疏林中。

草瑞香 *Diarthron linifolium*

瑞香科 Thymelaeaceae　草瑞香属 *Diarthron*

一年生草本。茎多分枝，扫帚状，小枝纤细，圆柱形，淡绿色，无毛，茎下部淡紫色。叶互生，稀近对生，散生于小枝上，草质，线形至线状披针形或狭披针形，先端钝圆形，基部楔形或钝形，边缘全缘，上面绿色，下面淡绿色，两面无毛，中脉在下面显著。花绿色，顶生总状花序。果实卵形或圆锥状，黑色；果皮膜质，无毛。花期 5~7 月，果期 6~8 月。生于砂质荒地。

牛奶子（伞花胡颓子）*Elaeagnus umbellata*

🔲 胡颓子科 Elaeagnaceae　🔵 胡颓子属 *Elaeagnus*

落叶直立灌木。小枝甚开展，多分枝，幼枝密被银白色和少数黄褐色鳞片，有时全被深褐色或锈色鳞片，老枝鳞片脱落，灰黑色。芽银白色或褐色至锈色。叶纸质或膜质，椭圆形至卵状椭圆形或倒卵状披针形，边缘全缘或皱卷至波状。花较叶先开放，黄白色，芳香，密被银白色盾形鳞片。果实几球形或卵圆形，成熟时红色。花期 4~5 月，果期 7~8 月。生于向阳的林缘、灌丛、荒坡和沟边。

中国沙棘 *Hippophae rhamnoides* subsp. *sinensis*

胡颓子科 Elaeagnaceae　　沙棘属 *Hippophae*

　　落叶灌木或乔木。棘刺较多，粗壮，顶生或侧生。嫩枝褐绿色，密被银白色而带褐色鳞片或有时具白色星状柔毛，老枝灰黑色，粗糙。芽大，金黄色或锈色。单叶通常近对生，与枝条着生相似，纸质，狭披针形或矩圆状披针形，上面绿色，下面银白色或淡白色，被鳞片；叶柄极短。果实圆球形，橙黄色或橘红色。花期 4~5 月，果期 9~10 月。生于向阳的山坡。

鸡腿堇菜 *Viola acuminata*

董菜科 Violaceae　　董菜属 *Viola*

多年生草本，通常无基生叶。茎直立。叶片心形、卵状心形或卵形，边缘具钝锯齿及短缘毛，两面密生褐色腺点，沿叶脉被疏柔毛。花淡紫色或近白色；萼片线状披针形；花瓣有褐色腺点；子房圆锥状。蒴果椭圆形，通常有黄褐色腺点，先端渐尖。花果期 5~9 月。生于杂木林林下、林缘、灌丛、山坡草地或溪谷湿地等处。

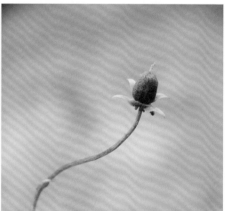

球果堇菜 *Viola collina*

堇菜科 Violaceae　　堇菜属 *Viola*

多年生草本。叶均基生，呈莲座状；叶片宽卵形或近圆形，边缘具浅而钝的锯齿，两面密生白色短柔毛，果期叶片显著增大，基部心形；叶柄具狭翅；托叶基部与叶柄合生。花淡紫色；花瓣基部微带白色；下方花瓣的距白色，较短。蒴果球形，成熟时果梗通常向下方弯曲。花果期5~8月。生于林下或林缘、灌丛、草坡、沟谷及路旁较阴湿处。

裂叶堇菜 *Viola dissecta*

🌿菫菜科 Violaceae　🌸堇菜属 *Viola*

多年生草本。基生叶叶片轮廓呈圆形、肾形或宽卵形，幼叶两面被白色短柔毛；托叶近膜质，苍白色至淡绿色。花较大，淡紫色至紫堇色；距明显，圆筒形，末端钝而稍膨胀；子房卵球形，无毛，花柱棍棒状。蒴果长圆形或椭圆形，先端尖，果皮坚、硬，无毛。花期4~9月，果期5~10月。生于山坡、草地、杂木林缘、灌丛下及田边、路旁等地。

紫花地丁 *Viola philippica*

🌿 堇菜科 Violaceae　　❀ 堇菜属 *Viola*

　　多年生草本。叶多数，基生，莲座状；托叶膜质，苍白色或淡绿色。花中等大，紫堇色或淡紫色，喉部色较淡并带有紫色条纹；子房卵形，无毛，花柱棍棒状。蒴果长圆形；种子卵球形，淡黄色。花果期4月中下旬至9月。生于田间、荒地、山坡、草丛、林缘或灌丛中。

早开堇菜 *Viola prionantha*

堇菜科 Violaceae · 堇菜属 *Viola*

多年生草本。叶片在花期呈长圆状卵形、卵状披针形或狭卵形；果期叶片显著增大。花大，紫堇色或淡紫色，喉部色淡并有紫色条纹；花梗较粗壮，具棱。蒴果长椭圆形，顶端钝常具宿存的花柱。种子多数，卵球形，深褐色常有棕色斑点。花果期4月上中旬至9月。生于山坡、草地、沟边、宅旁等向阳处。

深山堇菜 *Viola selkirkii*

🌿 堇菜科 Violaceae 🌸 堇菜属 *Viola*

多年生草本。叶基生，通常较多，呈莲座状；叶片薄纸质，心形或卵状心形，基部狭深心形，两侧垂片发达，边缘具钝齿；叶柄有狭翅。花淡紫色，距较粗，末端圆，直或稍向上弯。蒴果较小，椭圆形。花果期5~7月。生于针阔混交林、落叶阔叶林下、沟旁阴湿处。

斑叶堇菜 *Viola variegata*

堇菜科 Violaceae　　堇菜属 *Viola*

　　多年生草本。叶均基生，呈莲座状，叶片圆形或圆卵形，基部明显呈心形，边缘具平而圆的钝齿，上面暗绿色或绿色，沿叶脉有明显的白色斑纹，下面通常稍带紫红色，两面通常密被短粗毛。花红紫色或暗紫色；萼片通常带紫色；花瓣倒卵形。蒴果椭圆形。花期4月下旬至8月，果期6~9月。生于山坡、草地、林下、灌丛中或阴处岩石缝隙中。

阴地堇菜 *Viola yezoensis*

🌿 堇菜科 Violaceae　　🍀 堇菜属 *Viola*

　　多年生草本。叶均基生；叶片卵形或长卵形，边缘具浅锯齿，两面被短柔毛。花白色，具长梗；花梗较粗，通常高出于叶；距圆筒形，较粗壮，通常向上弯或直伸。蒴果长圆状。花期4~5月，果期5~6月。生于阔叶林林下、山地灌丛间及山坡草地。

柽柳 *Tamarix chinensis*

柽柳科 Tamaricaceae　　柽柳属 *Tamarix*

乔木或灌木。老枝直立，暗褐红色，光亮；幼枝稠密细弱，常开展而下垂，红紫色或暗紫红色。叶长圆状披针形或长卵形；上部绿色营养枝上的叶钻形或卵状披针形，半贴生。花5出；萼片5枚，花瓣5片，粉红色，通常卵状椭圆形或椭圆状倒卵形，雄蕊5枚，棍棒状，长约为子房之半。蒴果圆锥形。花期4~9月。生于潮湿盐碱地和沙荒地。

中华秋海棠 *Begonia grandis* subsp. *sinensis*

秋海棠科 Begoniaceae　　秋海棠属 *Begonia*

　　多年生草本。根状茎近球形，具密集而交织的细长纤维状之根。茎直立，有分枝，有纵棱，近无毛。叶片两侧不相等，边缘具不等大的三角形浅齿，齿尖带短芒，上面常有红晕，下面带红晕或紫红色；花粉红色，二歧聚伞状。蒴果下垂；种子极多数，淡褐色，光滑。花期7月开始，果期8月开始。生于山谷潮湿石壁上、山谷溪旁密林石上、山沟边岩石上和山谷灌丛中。

盒子草 *Actinostemma tenerum*

葫芦科 Cucurbitaceae　　盒子草属*Actinostemma*

　　柔弱草本。枝纤细，疏被长柔毛，后变无毛。叶形变异大，两面具疏散疣状突起。卷须细，2 歧；雄花总状，有时圆锥状，小花序基部具叶状 3 裂总苞片，花序轴细弱，被短柔毛；花冠裂片披针形，先端尾状钻形，疏生短柔毛；雄蕊 5；雌花单生，双生或雌雄同序；雌花梗具关节；子房卵状，有疣状突起。果实绿色，卵形，种子表面有不规则雕纹。花期 7~9 月，果期 9~11 月。生于水边草丛中。

马泡瓜 *Cucumis melo* var. *agrestis*

葫芦科 Cucurbitaceae ● 黄瓜属 *Cucumis*

一年生匍匐或攀缘草本。茎、枝有棱，有黄褐色的糙硬毛和疣状突起；卷须纤细，单一，被微柔毛。叶片厚纸质，近圆形或肾形，上面粗糙，被白色糙硬毛，背面沿脉密被糙硬毛。花较小，双生或 3 枚聚生；花单性，雌雄同株；雄花：数朵簇生于叶腋，花萼筒狭钟形，密被白色长柔毛，裂片近钻形，直立或开展，花冠黄色，裂片卵状长圆形，雄蕊 3，花丝极短。果实小，长圆形。花期 6~7 月，果期 7~8 月。生于水边草丛及荒地。

裂瓜 *Schizopepon bryoniaefolius*

葫芦科 Cucurbitaceae　裂瓜属 *Schizopepon*

一年生攀缘草本。卷须丝状，中部以上2歧，无毛。叶片卵状圆形或阔卵状心形，膜质。花极小，两性，在叶腋内单生或3~5朵密聚生于短缩的花序轴的上端，形成一密集的总状花序，花序轴纤细；花萼裂片披针形，全缘，亮绿色；花冠辐状，白色。果实阔卵形，成熟后由顶端向基部3瓣裂，有1~3枚种子。种子卵形，压扁状，顶端截形。花果期夏、秋季。生于山沟林下或水沟旁。

赤瓟 *Thladiantha dubia*

葫芦科 Cucurbitaceae　●赤瓟属 *Thladiantha*

攀缘草质藤本。全株被黄白色的长柔毛状硬毛。茎有棱沟。叶片宽卵状心形,边缘浅波状,有细齿,脉上有长硬毛;卷须纤细,被长柔毛。雌雄异株;雄花花冠黄色,雌花单生,花梗细有长柔毛;退化雌蕊 5,棒状;花柱分 3 叉,柱头膨大,2 裂。果实卵状长圆形,表面橙黄色或红棕色,具纵纹。种子卵形,黑色。花期 6~8 月,果期 8~10 月。生于山坡、河谷及林缘湿处。

栝楼 *Trichosanthes kirilowii*

🌿葫芦科 Cucurbitaceae　　🌸栝楼属 *Trichosanthes*

攀缘藤本。块根圆柱状，粗大肥厚，富含淀粉，淡黄褐色。茎较粗，多分枝，具纵棱及槽，被白色伸展柔毛；叶片纸质，轮廓近圆形；花雌雄异株。雄花总状花序单生，或与一单花并生，或在枝条上部者单生；花冠白色；雌花单生；花萼筒圆筒形。果实椭圆形或圆形，成熟时黄褐色或橙黄色。种子卵状椭圆形。花期 5~8 月，果期 8~10 月。生于山谷、沟边及草丛中。

千屈菜 *Lythrum salicaria*

🌿 千屈菜科 Lythraceae ❀ 千屈菜属 *Lythrum*

多年生草本。根茎横卧于地下，粗壮。茎直立，多分枝，全株青绿色，略被粗毛或密被绒毛，枝通常具4棱。叶对生或三叶轮生，披针形或阔披针形，基部圆形或心形，全缘，无柄。花组成小聚伞花序，簇生，因花梗及总梗极短，因此花枝全形似一大型穗状花序；花瓣6，红紫色或淡紫色。蒴果扁圆形。花果期6~8月。生于河岸、湖畔、溪沟边和潮湿草地。

格菱 *Trapa pseudoincisa*

菱科 Hydroearyaceae   菱属 *Trapa*

一年生浮水水生草本植物。根二型。浮水叶互生，聚生于茎顶部，形成莲座状菱盘，近三角状菱形或广菱形，边缘缺刻状，中下部全缘，叶柄中上部膨大。沉水叶小，早落。花白色，小，两性。果三角形，具2圆形肩刺角，刺角先端具倒刺，果喙明显。花期5~8月，果期8~9月。常见于池塘、水沟中。

柳兰 *Epilobium angustifolium*

柳叶菜科 Onagraceae 柳叶菜属 *Epilobium*

多年生粗壮草本。直立，丛生。根状茎广泛匍匐于表土层，木质化。茎不分枝或上部分枝，圆柱状，无毛，表皮撕裂状脱落。叶螺旋状互生，稀近基部对生，无柄。花序总状，直立无毛；萼片紫红色，长圆状披针形。蒴果密被贴生的白灰色柔毛。花期 6~9 月，果期 8~10 月。常见生于湿润草坡灌丛、火烧迹地、河滩、砾石坡。

月见草（夜来香）*Oenothera biennis*

🌿 柳叶菜科 Onagraceae　　❀ 月见草属 *Oenothera*

　　直立二年生粗壮草本。基生莲座叶丛紧贴地面。茎不分枝或分枝，被曲柔毛与伸展长毛（在茎枝上端常混生有腺毛）。基生叶倒披针形，先端锐尖，基部楔形，边缘疏生不整齐的浅钝齿；茎生叶椭圆形至倒披针形，两面被曲柔毛与长毛。花序穗状，不分枝；萼片绿色；花瓣黄色，稀淡黄色，宽倒卵形；子房绿色，圆柱状，具4棱，密被伸展长毛与短腺毛。蒴果锥状圆柱形，向上变狭，直立。花期7~8月，果期8~9月。常生于开旷荒坡及路旁。

狐尾藻 *Myriophyllum verticillatum*

小二仙草科 Hloragidaceae　狐尾藻属 *Myriophyllum*

多年生粗壮沉水草本。根状茎发达，在水底泥中蔓延，节部生根。茎圆柱形，多分枝。叶通常4片轮生，或3~5片轮生，丝状全裂，无叶柄；水上叶互生，披针形，较强壮，鲜绿色。花单性，雌雄同株或杂性；雌花生于水上茎下部叶腋中，萼片与子房合生，雌蕊1，子房广卵形；雄蕊8，花药椭圆形，淡黄色，花丝丝状，开花后伸出花冠外。果实广卵形，具4条浅槽，顶端具残存的萼片及花柱。生于池塘、河沟、沼泽。

辽东楤木 *Aralia elata*

五加科 Araliaceae　楤木属 *Aralia*

灌木或小乔木。树皮灰色。小枝灰棕色，疏生多数细刺。二回或三回羽状复叶，无毛；托叶和叶柄基部合生，先端离生部分线形，边缘有纤毛；叶轴和羽片轴基部通常有短刺；羽片有小叶7~11，基部有小叶1对；小叶片薄纸质或膜质，上面绿色，下面灰绿色，无毛或两面脉上有短柔毛和细刺毛，边缘疏生锯齿。圆锥花序伞房状；花黄白色。果实球形，黑色。花期6~8月，果期9~10月。生于密林下或阴湿水边。

刺楸 *Kalopanax septemlobus*

🔹五加科 Araliaceae ◆刺楸属 *Kalopanax*

　　落叶乔木；树干及小枝具粗刺。叶片纸质，在长枝上互生，在短枝上簇生，圆形或近圆形，掌状 5~7 浅裂边缘有细锯齿；叶柄细长，无毛。大型圆锥花序，有花多数；花白色或淡绿黄色。果实球形，蓝黑色，花柱宿存。花期 7~10 月，果期 9~12 月。生于向阳森林、灌木林中和林缘。

白芷 *Angelica dahurica*

伞形科 Umbelliferae ● 当归属 *Angelica*

多年生高大草本。根圆柱形，有分枝，外表皮黄褐色至褐色，有浓烈气味。茎基部通常带紫色，中空，有纵长沟纹；基生叶一回羽状分裂，有长柄；茎上部叶二至三回羽状分裂。复伞形花序顶生或侧生；子房无毛或有短毛。果实长圆形至卵圆形，黄棕色，有时带紫色，无毛。花期7~8月，果期8~9月。生于林下、林缘、溪旁、灌丛及山谷草地。

拐芹（拐芹当归）*Angelica polymorpha*

🌿 伞形科 Umbelliferae　🌼 当归属 *Angelica*

　　多年生草本。根圆锥形，外皮灰棕色。茎单一，细长，中空。叶二至三回三出式羽状分裂，叶片轮廓为卵形至三角状卵形；茎上部叶简化为无叶或带有小叶、略膨大的叶鞘，常带紫色。复伞形花序，花序梗、伞辐和花柄密生短糙毛；花柱短，常反卷。果实长圆形至近长方形，基部凹入，背棱短翅状。花期 8~9 月，果期 9~10 月。生于山沟溪流旁、杂木林下、灌丛间及阴湿草丛中。

北柴胡 *Bupleurum chinense*

伞形科 Umbelliferae ● 柴胡属 *Bupleurum*

多年生草本。主根较粗大，棕褐色，质坚硬。茎单一或数茎，表面有细纵槽纹，实心，上部多回分枝。基生叶倒披针形或狭椭圆形，基部收缩成柄，早枯落；茎中部叶倒披针形或广线状披针形，叶表面鲜绿色，背面淡绿色，常有白霜。复伞形花序，形成疏松的圆锥状；花瓣鲜黄色。果广椭圆形，棕色，两侧略扁，淡棕色。花期 9 月，果期 10 月。生于向阳山坡、路边、岸旁或草丛中。

红柴胡（狭叶柴胡）*Bupleurum scorzonerifolium*

❀ 伞形科 Umbelliferae　❀ 柴胡属 *Bupleurum*

多年生草本。主根发达，圆锥形，支根稀少，深红棕色。茎上部有多回分枝，略呈"之"字形弯曲，并成圆锥状；叶细线形，基生叶下部略收缩成叶柄，其他均无柄。伞形花序自叶腋间抽出，花序多；花瓣黄色，舌片几与花瓣的对半等长，顶端 2 浅裂。果广椭圆形，深褐色，棱浅褐色，粗钝凸出。花期 7~8 月，果期 8~9 月。生于干燥的草原及向阳山坡上，灌木林边缘。

蛇床 *Cnidium monnieri*

🔲 伞形科 Umbelliferae　　⊕ 蛇床属 *Cnidium*

一年生草本。根圆锥状。茎直立或斜上，多分枝，中空，表面具深条棱，粗糙。下部叶具短柄，叶鞘短宽，边缘膜质，上部叶柄全部鞘状；叶片轮廓卵形至三角状卵形。复伞形花序；花瓣白色，先端具内折小舌片。分生果长圆状。花期 4~7 月，果期 6~10 月。生于田边、路旁、草地及河边湿地。

胡萝卜 *Daucus carota* var. *sativa*

🟦 伞形科 Umbelliferae   🟢 伞形属 *Daucus*

二年生草本。根肉质，长圆锥形，粗肥，呈红色或黄色。茎单生，全体有白色粗硬毛；基生叶薄膜质，长圆形，二至三回羽状全裂。复伞形花序，有糙硬毛，伞辐多数，结果时外缘的伞辐向内弯曲；花通常白色，有时带淡红色；花柄不等长。果实圆卵形，棱上有白色刺毛。花期 5~7 月。生于山坡等地。广泛栽培。

短毛独活 *Heracleum moellendorffii*

伞形科 Umbelliferae ❀ 独活属 *Heracleum*

多年生草本。根圆锥形、粗大，多分歧，灰棕色。茎直立，有棱槽，上部开展分枝。叶片轮廓广卵形，薄膜质，三出式分裂，裂片广卵形至圆形、心形，裂片边缘具粗大的锯齿，尖锐至长尖。复伞形花序顶生和侧生，花瓣白色，二型；花柱基短圆锥形，花柱叉开。分生果圆状倒卵形，顶端凹陷，背部扁平，有稀疏的柔毛或近光滑；胚乳腹面平直。花期7月，果期8~10月。生于阴坡山沟旁、林缘或草甸。

水芹 *Oenanthe javanica*

伞形科 Umbelliferae ◎ 水芹属 *Oenanthe*

　　多年生草本。茎直立或基部匍匐。基生叶有柄，叶片轮廓三角形，一至二回羽状分裂，末回裂片卵形至菱状披针形，边缘有牙齿或圆齿状锯齿；茎上部叶无柄，裂片和基生叶的裂片相似，较小。复伞形花序顶生，花瓣白色，倒卵形，有一长而内折的小舌片；花柱基圆锥形，花柱直立或两侧分开。果实近于四角状椭圆形或筒状长圆形。花期 6~7 月，果期 8~9 月。生于浅水低洼地方或池沼、水沟旁。

防风 *Saposhnikovia divaricata*

🌿 伞形科 Umbelliferae　◎ 防风属 *Saposhnikovia*

　　多年生草本。根粗壮，细长圆柱形，分歧，淡黄棕色；根头处被有纤维状叶残基及明显的环纹。茎基生叶丛生；叶片卵形或长圆形，二回或近于三回羽状分裂。复伞形花序多数，生于茎和分枝，花瓣倒卵形，白色，无毛，先端微凹，具内折小舌片。双悬果椭圆形，幼时有疣状突起，成熟时渐平滑，胚乳腹面平坦。花期 8~9 月，果期 9~10 月。生于多砾石山坡或林缘。

照山白 *Rhododendron micranthum*

▣ 杜鹃花科 Ericaceae ⊛ 杜鹃花属 *Rhododendron*

常绿灌木。枝条细瘦。叶倒披针形、长圆状椭圆形至披针形，具小突尖，基部狭楔形；花冠钟状，外面被鳞片，内面无毛，花裂片 5，较花管稍长；花柱与雄蕊等长或较短，无鳞片。蒴果长圆形，被疏鳞片。花期 5~6 月，果期 8~11 月。生于山坡灌丛、山谷、峭壁及岩石上。

迎红杜鹃 *Rhododendron mucronulatum*

🌸 杜鹃花科 Ericaceae　　🌸 杜鹃花属 *Rhododendron*

　　落叶灌木。叶常集生枝顶，椭圆形或椭圆状披针形，边缘全缘或有细圆齿，疏生褐色鳞片。花序具 1~3 花，先叶开放；花淡红紫色，雄蕊 10，不等长。蒴果长圆形，先端 5 瓣开裂；花柱宿存。花期 4~6 月，果期 5~7 月。生于山地灌丛。

点地梅 *Androsace umbellata*

报春花科 Primulaceae　　点地梅属 *Androsace*

　　一年生或二年生草本。叶全部基生，叶片近圆形或卵圆形，基部浅心形至近圆形，边缘具三角状钝牙齿，两面均被贴伏的短柔毛。花葶通常数枚自叶丛中抽出，被白色短柔毛；伞形花序；花冠白色，喉部黄色。蒴果近球形，果皮白色。花期 2~4 月，果期 5~6 月。生于林缘、草地和疏林下。

狼尾花 *Lysimachia barystachys*

报春花科 Primulaceae　珍珠菜属 *Lysimachia*

多年生草本。全株密被卷曲柔毛。茎直立。叶互生或近对生，长圆状披针形、倒披针形以至线形，先端钝或锐尖，基部楔形，近于无柄。总状花序顶生，花密集，常转向一侧；花冠白色，基部合生。蒴果球形。花期5~8月，果期8~10月。生于草甸、山坡、路旁及灌丛。

狭叶珍珠菜 *Lysimachia pentapetala*

🌸 报春花科 Primulaceae　　🌼 珍珠菜属 *Lysimachia*

　　一年生草本。全体无毛。茎直立，圆柱形，多分枝，密被褐色无柄腺体。叶互生，狭披针形至线形，先端锐尖，基部楔形，上面绿色，下面粉绿色，有褐色腺点。总状花序顶生；花冠白色。蒴果球形。花期 7~8 月，果期 8~9 月。生于山坡、荒地、路旁、田边和疏林下。

岩生报春 *Primula saxatilis*

报春花科 Primulaceae ⊕报春花属 *Primula*

多年生草本。具短而纤细的根状茎，叶 3~8 枚丛生，叶片阔卵形至矩圆状卵形，先端钝，基部心形，边缘具缺刻状或羽状浅裂，裂片边缘有三角形牙齿，上面深绿色，被短柔毛，下面淡绿色，被柔毛，叶柄被柔毛。伞形花序 1~2 轮；苞片线形至矩圆状披针形，疏被短柔毛；花冠淡紫红色。花期 5~6 月。生于林下和岩石缝中。

柿树 *Diospyros kaki*

柿科 Ebenaceae　柿树属 *Diospyros*

落叶大乔木。树皮深灰色至灰黑色，沟纹较密，裂成长方块状。枝开展，带绿色至褐色。叶纸质，卵状椭圆形，通常较大，老叶上面有光泽，深绿色。花雌雄异株；雄花序小，弯垂，有短柔毛或绒毛；花冠钟状，黄白色；雌花单生叶腋，花萼绿色，有光泽；花冠淡黄白色或黄白色而带紫红色，壶形或近钟形。果形多样，嫩时绿色，后变黄色，橙黄色。花期 5~6 月，果期 9~10月。生于山地、山坡等地。

黑枣（君迁子）*Diospyros lotus*

🏵 柿科 Ebenaceae ⊕ 柿树属 *Diospyros*

　　落叶乔木。树冠近球形或扁球形。树皮灰黑色或灰褐色，深裂或不规则的厚块状剥落。小枝褐色或棕色，有纵裂的皮孔。叶近膜质，椭圆形，上面深绿色，有光泽，下面绿色或粉绿色，有柔毛。雄花 1~3 朵腋生，簇生；花冠壶形，带红色或淡黄色；雌花单生，淡绿色或带红色。果近球形或椭圆形，初熟时为淡黄色，后则变为蓝黑色，常被有白色薄蜡层。花期 5~6 月，果期 10~11 月。生于山坡、山谷的灌丛中。

流苏树 *Chionanthus retusus*

木犀科 Oleaceae　　流苏树属 *Chionanthus*

　　落叶灌木或乔木。叶缘稍反卷，中脉在上面凹入，下面突起。聚伞状圆锥花序，顶生于枝端；苞片线形，疏被或密被柔毛，花单性而雌雄异株或为两性花；花萼4深裂；花冠白色，4深裂，花冠管短雄蕊藏于管内或稍伸出；柱头球形，稍2裂。果椭圆形，被白粉，呈蓝黑色或黑色。花期3~6月，果期6~11月。生于混交林中或灌丛中，或山坡、河边。

连翘 *Forsythia suspensa*

❀木犀科 Oleaceae　❀连翘属 *Forsythia*

落叶灌木。枝棕色、棕褐色或淡黄褐色，小枝土黄色或灰褐色，略呈四棱形，疏生皮孔，节间中空，节部具实心髓。叶通常为单叶，或3裂至三出复叶，上面深绿色，下面淡黄绿色，两面无毛。花通常单生或2至数朵着生于叶腋，先于叶开放；花冠黄色。果先端喙状渐尖，表面疏生皮孔。花期3~4月，果期7~9月。生于山坡、灌丛、林下或草丛中，或山谷、山沟疏林中。

小叶白蜡树（小叶梣）*Fraxinus bungeana*

木犀科 Oleaceae　　梣属 *Fraxinus*

落叶小乔木或灌木。叶轴直，上面具窄沟，被细绒毛；小叶5~7 枚，硬纸质，阔卵形。圆锥花序顶生或腋生枝梢，花冠白色至淡黄色。翅果匙状长圆形；花萼宿存。花期 5 月，果期 8~9 月。生于较干燥向阳的砂质土壤或岩石缝隙中。

梣（白蜡树）*Fraxinus chinensis*

🌿 木犀科 Oleaceae　🌼 梣属 *Fraxinus*

　　落叶乔木。树皮灰褐色，纵裂。小枝黄褐色。羽状复叶，基部不增厚；小叶 5~7 枚，硬纸质，卵形、倒卵状长圆形至披针形。圆锥花序顶生或腋生枝梢；花雌雄异株；雄花密集，花萼小，钟状；雌花疏离，花萼大，桶状。翅果匙形。花期 4~5 月，果期 7~9 月。生于山地杂木林中。

花曲柳（大叶白蜡树）*Fraxinus chinensis* var. *rhynchophylla*

木犀科 Oleaceae　　梣属 *Fraxinus*

　　落叶大乔木。羽状复叶，基部膨大；叶轴上面具浅沟，小叶着生处具关节；小叶 5~7 枚，革质；小叶柄上面具深槽。圆锥花序；雄花与两性花异株；花萼浅杯状；无花冠；两性花具雄蕊 2 枚，雌蕊具短花柱，柱头 2 叉深裂；雄花花萼小，花丝细。翅果线形，翅下延至坚果中部，坚果长约 1cm，略隆起；具宿存萼。花期 4~5 月，果期 9~10 月。生于山坡、河岸、路旁。

迎春花 *Jasminum nudiflorum*

🌿 木犀科 Oleaceae ④ 素馨属 *Jasminum*

　　落叶灌木。直立或匍匐。小枝四棱形，棱上多少具狭翼。叶对生，三出复叶，小枝基部常具单叶；顶生小叶片较大。花单生于上年生小枝的叶腋，稀生于小枝顶端；苞片小叶状；花萼绿色，裂片 5~6 枚；花冠黄色，裂片 5~6 枚，先端锐尖或圆钝。花期 2~4 月。生于山坡、灌丛中。

北京丁香 *Syringa pekinensis*

木犀科 Oleaceae ● 丁香属 *Syringa*

大灌木或小乔木。小枝带红褐色。叶片纸质，基部圆形、截形至近心形，或为楔形，上面深绿色。花序由侧芽抽生；花冠黄白色，呈辐状，花冠管与花萼近等长或略长；花丝略短于或稍长于裂片，花药黄色。果长椭圆形至披针形光滑，稀疏生皮孔。花期5~8月，果期8~10月。生于山坡灌丛、山谷或沟边林下。

巧玲花 *Syringa pubescens*

木犀科 Oleaceae　　丁香属 *Syringa*

　　灌木。小枝四棱形，无毛，疏生皮孔。叶片卵形、椭圆状卵形、菱状卵形或卵圆形；叶缘具睫毛，常沿叶脉或叶脉基部密被或疏被柔毛，或为须状柔毛。圆锥花序直立，通常由侧芽抽生；花冠紫色，花冠管细弱，近圆柱形。果长椭圆形，先端锐尖，皮孔明显。花期 5~6 月，果期 6~8 月。生于山坡、山谷灌丛中或河边沟旁。

暴马丁香 *Syringa reticulata* var. *amurensis*

木犀科 Oleaceae　丁香属 *Syringa*

　　落叶小乔木或大乔木。叶片厚纸质。圆锥花序由 1 到多对着生于同一枝条上的侧芽抽生；花序轴具皮孔；花冠白色，花药黄色。果长椭圆形，具细小皮孔。花期 6~7 月，果期 8~10 月。生于山坡灌丛或林边、草地、沟边，或针阔叶混交林中。

荇菜 *Nymphoides peltatum*

龙胆科 Gentianaceae　　荇菜属 *Nymphoides*

多年生水生草本。茎圆柱形，多分枝，密生褐色斑点，节下生根。上部叶对生，下部叶互生，叶片飘浮，近革质，圆形或卵圆形，基部心形，全缘，有不明显的掌状叶脉，下面紫褐色，密生腺体，粗糙，上面光滑，叶柄圆柱形，基部变宽，呈鞘状，半抱茎。花常多数，簇生节上；花梗圆柱形，不等长；花冠金黄色，冠筒短，喉部具 5 束长柔毛。蒴果无柄，椭圆形。花果期 4~10月。生于池塘或缓流的河溪中。

獐牙菜 *Swertia bimaculata*

龙胆科 Gentianaceae　　獐牙菜属 *Swertia*

一年生草本。根细，棕黄色。茎直立，圆形，中空，中部以上分枝。基生叶在花期枯萎；茎生叶无柄或具短柄，叶片椭圆形至卵状披针形，先端长渐尖，基部钝，叶脉 3~5 条，弧形，在背面明显突起，最上部叶苞叶状。大型圆锥状复聚伞花序疏松，开展，多花；花梗较粗，直立或斜伸，不等长；花冠黄色，上部具多数紫色小斑点。蒴果无柄，狭卵形。花果期 6~11 月。生于河滩、山坡草地、林下、灌丛、沼泽地。

牛皮消 *Cynanchum auriculatum*

萝藦科 Asclepiadaceae ❀ 白前属 *Cynanchum*

　　蔓性半灌木。宿根肥厚，呈块状。茎圆形，被微柔毛。叶对生，膜质，被微毛，宽卵形至卵状长圆形。聚伞花序伞房状，着花 30 朵；花萼裂片卵状长圆形；花冠白色，辐状，裂片反折，内面具疏柔毛；柱头圆锥状，顶端 2 裂。蓇葖果双生。种子卵状椭圆形；种毛白色绢质。花期 6~9 月，果期 7~11 月。生于山坡林缘及路旁灌丛中或河流、水沟边潮湿地。

白首乌 *Cynanchum bungei*

🌿 萝藦科 Asclepiadaceae　🌼 白前属 *Cynanchum*

　　攀缘半灌木。块根粗壮。茎纤细而韧，被微毛；叶对生，戟形。伞形聚伞花序腋生，比叶为短；花萼裂片披针形，花冠白色，裂片长圆形；副花冠 5 深裂，裂片呈披针形，内面中间有舌状片；花粉块每室 1 个，下垂；柱头基部 5 角状，顶端全缘。蓇葖果单生或双生，披针形，无毛，向端部渐尖。种子卵形，种毛白色绢质。花期 6~7 月，果期 7~10 月。生于山坡、山谷或河坝、路边的灌丛中或岩石隙缝中。

徐长卿 *Cynanchum paniculatum*

萝藦科 Asclepiadaceae　白前属 *Cynanchum*

多年生直立草本，高约 1m。根须状，多至 50 余条。茎不分枝，无毛或被微生。叶对生，纸质，披针形至线形；圆锥状聚伞花序生于顶端的叶腋内；花冠黄绿色，近辐状；子房椭圆形；柱头五角形，顶端略为突起。蓇葖果单生，披针形，向端部长渐尖。种子长圆形，种毛白色绢质。花期 5~7 月，果期 9~12 月。生于向阳山坡及草丛中。

地梢瓜 *Cynanchum thesioides*

萝藦科 Asclepiadaceae ⊕白前属 *Cynanchum*

直立半灌木。地下茎单轴横生；茎自基部多分枝。叶对生或近对生，线形，叶背中脉隆起。伞形聚伞花序腋生；花萼外面被柔毛；花冠绿白色；副花冠杯状，裂片三角状披针形，渐尖，高过药隔的膜片。蓇葖果纺锤形，先端渐尖，中部膨大，种子扁平，暗褐色，种毛白色绢质。花期 5~8 月，果期 8~10 月。生于山坡、荒地、田边等处。

变色白前 *Cynanchum versicolor*

萝藦科 Asclepiadaceae　　白前属 *Cynanchum*

　　半灌木。茎上部缠绕，下部直立，全株被绒毛。叶对生，纸质，宽卵形或椭圆形。伞形状聚伞花序腋生；花序梗被绒毛，花萼外面被柔毛，内面基部5枚腺体极小，裂片狭披针形，渐尖；花冠初呈黄白色，渐变为黑紫色，枯干时呈暗褐色，钟状辐形；副花冠极低，比合蕊冠为短，裂片三角形；花药近菱状四方形。蓇葖果单生，宽披针形，种子宽卵形，暗褐色，种毛白色绢质。花期5~8月，果期7~9月。生于灌丛中及溪流旁。

萝藦 *Metaplexis japonica*

萝藦科 Asclepiadaceae ● 萝藦属 *Metaplexis*

多年生草质藤本，具乳汁。茎圆柱状，下部木质化，表面淡绿色，有纵条纹。叶膜质，卵状心形，无毛；叶柄顶端具丛生腺体。总状式聚伞花序，具长总花梗；花冠白色，有淡紫红色斑纹，近辐状。蓇葖果叉生，纺锤形，平滑无毛。种子扁平，卵圆形，有膜质边缘，褐色，顶端具白色绢质种毛。花期7~8月，果期9~12月。生于林边荒地、山脚、河边、路旁灌丛中。

杠柳 *Periploca sepium*

萝藦科 Asclepiadaceae   杠柳属 *Periploca*

　　落叶蔓性灌木。主根圆柱状，外皮灰棕色，内皮浅黄色。具乳汁，除花外，全株无毛。茎皮灰褐色。小枝通常对生，有细条纹，具皮孔。叶卵状长圆形。聚伞花序腋生，着花数朵；花冠紫红色，辐状，花冠筒短。蓇葖果 2 枚，圆柱状，无毛，具有纵条纹。种子长圆形，黑褐色，顶端具白色绢质种毛。花期 5~6 月，果期 7~9 月。生于低山丘的林缘、沟坡、河边砂质地或地埂等处。

猪殃殃 *Galium aparine* var. *tenerum*

茜草科 Rubiaceae　⊕ 拉拉藤属 *Galium*

　　蔓生或攀缘状草本。茎有 4 棱角；棱上、叶缘、叶脉上均有倒生的小刺毛。叶纸质或近膜质，6~8 片轮生。聚伞花序腋生或顶生，少至多花，花小；花冠黄绿色或白色，辐状，镊合状排列；子房被毛。果干燥，有 1 或 2 个近球状的分果爿，密被钩毛。花期 3~7 月，果期 4~11 月。生于山坡、旷野、沟边、河滩、田中、林缘、草地。

北方拉拉藤 *Galium boreale*

茜草科 Rubiaceae ● 拉拉藤属 *Galium*

多年生直立草本。茎有4棱角。叶纸质，4片轮生，狭披针形，顶端钝或稍尖，基部楔形或近圆形，边缘常稍反卷，两面无毛，边缘有微毛。聚伞花序顶生和生于上部叶腋，常在枝顶结成圆锥花序式，密花；花萼被毛；花冠白色或淡黄色，辐状，花冠裂片卵状披针形。果小，果爿单生或双生。花期 5~8 月，果期 6~10 月。生于山坡、沟旁、草地的草丛、灌丛或林下。

四叶葎 *Galium bungei*

茜草科 Rubiaceae　拉拉藤属 *Galium*

　　多年生丛生直立草本。茎有4棱。叶纸质，4片轮生，叶形变化较大，中脉和边缘常有刺状硬毛。聚伞花序常3歧分枝，再形成圆锥状花序；花冠黄绿色或白色，辐状，无毛，花冠裂片卵形或长圆形。果爿近球状，通常双生，有小疣点、小鳞片；果柄纤细，常比果长。花期4~9月，果期5月到翌年1月。生于山地、丘陵、旷野、田间、沟边的林中、灌丛或草地。

线叶拉拉藤 *Galium linearifolium*

茜草科 Rubiaceae　拉拉藤属 *Galium*

多年生直立草本。茎具4棱角。叶近革质，4片轮生，狭带形，边缘有小刺毛，上面有糙点和散生小刺毛而粗糙。聚伞花序顶生，少至多花，常分枝成圆锥花序状；花萼和花冠均无毛；花冠白色，裂片4，披针形。果无毛，果爿椭圆状或近球状，单生或双生。花期6~8月，果期7~9月。生于山地草坡、林下、灌丛、草地。

薄皮木 *Leptodermis oblonga*

茜草科 Rubiaceae　　野丁香属 *Leptodermis*

灌木。小枝纤细，被微柔毛，常片状剥落。叶纸质，长圆形；花无梗，常 3~7 朵簇生枝顶；小苞片透明，卵形，与萼近等长；萼裂片阔卵形，边缘密生缘毛。花冠淡紫红色，漏斗状，裂片狭三角形或披针形。蒴果长 5~6mm，种子有网状、与种皮分离的假种皮。花期 6~8 月，果期 10 月。生于山坡、路边等向阳处，亦见于灌丛中。

茜草 *Rubia cordifolia*

茜草科 Rubiaceae　　茜草属 *Rubia*

草质攀缘藤木。根状茎和其节上的须根均红色；茎数至多条，从根状茎的节上发出，细长，方柱形，有4棱，棱上生倒生皮刺，中部以上多分枝。叶通常4片轮生，纸质，披针形或长圆状披针形，边缘有齿状皮刺，两面粗糙；基出脉3条；叶柄有倒生皮刺。聚伞花序腋生和顶生；花冠淡黄色，干时淡褐色。果球形，成熟时橘黄色。花期8~9月，果期10~11月。常生于疏林、林缘、灌丛或草地上。

打碗花 *Calystegia hederacea*

旋花科 Convolvulaceae　　打碗花属 *Calystegia*

　　一年生草本。植株通常矮小，具细长白色的根。茎细，平卧，有细棱。基部叶片长圆形。花腋生，1朵，花梗长于叶柄，有细棱；苞片宽卵形，顶端钝或锐尖至渐尖；萼片长圆形；花冠淡紫色或淡红色，钟状。蒴果卵球形；种子黑褐色，表面有小疣。生于农田、荒地、路旁。

藤长苗 *Calystegia pellita*

旋花科 Convolvulaceae ● 打碗花属 *Calystegia*

多年生草本。茎缠绕或下部直立，圆柱形，有细棱，密被灰白色或黄褐色长柔毛。叶长圆形或长圆状线形，全缘，两面被柔毛。花腋生，单一，花梗短于叶，密被柔毛；苞片卵形，顶端钝，具小短尖头，外面密被褐黄色短柔毛；萼片近相等，上部具黄褐色缘毛；花冠淡红色，漏斗状，冠檐于瓣中带顶端被黄褐色短柔毛。蒴果近球形；种子卵圆形，无毛。花期 6~8 月，果期 8~9 月。生于路边、田边杂草中或山坡草丛。

田旋花 *Convolvulus arvensis*
旋花科 Convolvulaceae ● 旋花属 *Convolvulus*

　　多年生草本。根状茎横走。叶卵状长圆形至披针形，先端钝或具小短尖头，基部大多戟形，或箭形及心形，全缘或 3 裂；叶柄较叶片短；叶脉羽状，基部掌状。花 1~3 朵，腋生，花柄比花萼长得多；苞片 2，线形；萼片有毛；花冠宽漏斗形，白色或粉红色。蒴果卵状球形。种子 4，暗褐色或黑色。生于耕地及荒坡草地上。

菟丝子 *Cuscuta chinensis*

旋花科 Convolvulaceae 菟丝子属 *Cuscuta*

一年生寄生草本。茎缠绕，黄色，纤细。花序侧生，少花或多花簇生成小伞形或小团伞花序；花冠白色，壶形。蒴果球形，几乎全为宿存的花冠所包围，成熟时整齐的周裂。种子淡褐色，卵形，表面粗糙。生于田边、山坡阳处、路边灌丛，通常寄生于豆科、菊科、藜科等多种植物上。

番薯 *Ipomoea batatas*

🌸 旋花科 Convolvulaceae ④番薯属 *Ipomoea*

一年生草本。地下部分具块根；茎平卧或上升，绿或紫色，茎节易生不定根；叶片形状、颜色常因品种不同而异，通常为宽卵形。聚伞花序腋生，有 1~3（~7）朵花聚集成伞形，稍粗壮，无毛或有时被疏柔毛；苞片小，披针形，早落；萼片长圆形或椭圆形，不等长，顶端骤然成芒尖状，无毛或疏生缘毛；花冠粉红色、白色、淡紫色或紫色，钟状或漏斗状，外面无毛。蒴果卵形或扁圆形。生于沟旁、路边。常栽培。

北鱼黄草 *Merremia sibirica*

🌿旋花科 Convolvulaceae ❀鱼黄草属 *Merremia*

缠绕草本。植株各部分近于无毛。茎圆柱状，具细棱。叶卵状心形，顶端长渐尖或尾状渐尖，基部心形，全缘或稍波状。聚伞花序腋生，有1~7朵花，明显具棱或狭翅；苞片小，线形；萼片椭圆形，近于相等，顶端明显具钻状短尖头，无毛；花冠淡红色，钟状，无毛，冠檐具三角形裂片。蒴果近球形，顶端圆，无毛，4瓣裂；种子黑色，椭圆状三棱形，顶端钝圆，无毛。生于路边、田边、山地草丛或山坡灌丛。

变色牵牛 *Pharbitis indica*

旋花科 Convolvulaceae　牵牛属 *Pharbitis*

　　一年生草本。植物体具刺毛。茎细长，缠绕，分枝。叶心状卵形，通常3裂，也有5裂，裂片达中部，被硬毛；叶柄常较花梗长。花序有花1~3朵，总花梗腋生，被长柔毛；苞片2，披针形；萼片5，宽披针形；花冠天蓝色或淡紫色，漏斗状。蒴果，无毛，球形。种子三棱形，微皱。花期6~9月，果期8~10月。生于田间、路旁、林缘。常栽培。

牵牛 *Pharbitis nil*

旋花科 Convolvulaceae — 牵牛属 *Pharbitis*

一年生缠绕草本。茎上被倒向的短柔毛及杂有倒向或开展的长硬毛。叶宽卵形或近圆形，基部圆，心形。花腋生，单一或通常2朵着生于花序梗顶；花冠漏斗状，蓝紫色或紫红色，花冠管色淡。蒴果近球形。种子卵状三棱形，黑褐色或米黄色，被褐色短绒毛。生于山坡灌丛、干燥河谷路边、园边宅旁、山地路边。常栽培。

圆叶牵牛 *Pharbitis purpurea*

旋花科 Convolvulaceae　牵牛属 *Pharbitis*

一年生缠绕草本。茎上被倒向的短柔毛。叶圆心形或宽卵状心形，基部圆，心形，通常全缘，偶有 3 裂，两面被刚伏毛。花腋生，单一或 2~5 朵着生于花序梗顶端成伞形聚伞花序，花序梗比叶柄短或近等长；苞片线形，被开展的长硬毛；花冠漏斗状，紫红色、红色或白色，花冠管通常白色。蒴果近球形，3 瓣裂。种子卵状三棱形。生于田边、路边、宅旁或山谷林内。

茑萝 *Quamoclit pennata*

旋花科 Convolvulaceae　　茑萝属 *Quamoclit*

一年生柔弱缠绕草本。叶卵形，羽状深裂至中脉，具10~18对线形平展的细裂片，裂片先端锐尖。花序腋生，由少数花组成聚伞花序；总花梗大多超过叶，花直立，花柄较花萼长，在果时增厚成棒状；萼片绿色，稍不等长；花冠高脚碟状，深红色，无毛，管柔弱，冠檐开展，5浅裂。蒴果卵形，4室，4瓣裂，隔膜宿存。种子4，卵状长圆形黑褐色。生于沟边、路旁及田埂。常栽培。

斑种草 *Bothriospermum chinense*

紫草科 Boraginaceae　　斑种草属 *Bothriospermum*

　　一年生草本，稀二年生。密生开展或向上的硬毛。茎数条丛生，直立或斜升，由中部以上分枝或不分枝。基生叶及茎下部叶具长柄，匙形或倒披针形，边缘皱波状或近全缘，上下两面均被基部具基盘的长硬毛及伏毛。花冠淡蓝色。4~6 月开花。生于荒野路边、山坡草丛。

多苞斑种草 *Bothriospermum secundum*

紫草科 Boraginaceae ❀ 斑种草属 *Bothriospermum*

　　一年生或二年生草本，具直伸的根。茎由基部分枝，分枝通常细弱，开展或向上直伸，被向上开展的硬毛及伏毛。基生叶具柄，倒卵状长圆形。花序生茎顶及腋生枝条顶端；花冠蓝色至淡蓝色。小坚果卵状椭圆形，密生疣状突起，腹面有纵椭圆形的环状凹陷。花期 5~7 月。生于山坡、道旁、农田路边及山坡林缘灌木林下、山谷溪边阴湿处等。

砂引草 *Messerschmidia sibirica*

紫草科 Boraginaceae　　砂引草属 *Messerschmidia*

　　多年生草本。茎单一或数条丛生，直立或斜升，通常分枝，密生糙伏毛或白色长柔毛。叶披针形、倒披针形或长圆形，密生糙伏毛或长柔毛，中脉明显，上面凹陷，下面突起。花序顶生；花冠黄白色，钟状。核果椭圆形或卵球形，粗糙，密生伏毛，先端凹陷。花期5月，果实7月成熟。生于海滨沙地及山坡、路旁。

附地菜 *Trigonotis peduncularis*

紫草科 Boraginaceae　　附地菜属 *Trigonotis*

一年生或二年生草本。茎通常多条丛生，密集，铺散，基部多分枝；被短糙伏毛。基生叶呈莲座状，有叶柄；叶片匙形，两面被糙伏毛，茎上部叶长圆形或椭圆形，无叶柄或具短柄。花序生茎顶，幼时卷曲，后渐次伸长；花冠淡蓝色或粉色。早春开花，花期甚长。生于草地、林缘、田间及荒地。

荆条 *Vitex negundo* var. *heterophylla*

马鞭草科 Verbenaceae　　牡荆属 *Vitex*

　　灌木或小乔木。小枝四棱形，密生灰白色绒毛。掌状复叶，小叶 5；小叶片长圆状披针形至披针形，顶端渐尖，基部楔形，全缘或每边有少数粗锯齿，表面绿色，背面密生灰白色绒毛。聚伞花序排成圆锥花序式，顶生，花序梗密生灰白色绒毛；花萼钟状；花冠淡紫色，外有微柔毛，顶端 5 裂，二唇形。核果近球形。花期 4~6 月，果期 7~10 月。生于山坡、路旁或灌木丛中。

藿香 *Agastache rugosa*

唇形科 Labiatae　藿香属 *Agastache*

多年生草本。茎直立，四棱形。叶心状卵形至长圆状披针形。轮伞花序多花，具短梗；花冠淡紫蓝色，雄蕊伸出花冠，花丝细，扁平，无毛；花柱与雄蕊近等长，丝状，先端相等的 2 裂；花盘厚环状；子房裂片顶部具绒毛。成熟小坚果卵状长圆形，腹面具棱，先端具短硬毛，褐色。花期 6~9 月，果期 9~11 月。生于沟边及林下。

香薷 *Elsholtzia ciliata*

唇形科 Labiatae ⊕ 香薷属 *Elsholtzia*

直立草本。茎通常自中部以上分枝，钝四棱形，常呈麦秆黄色，老时变紫褐色。叶卵形或椭圆状披针形。穗状花序，花萼钟形，外面被疏柔毛，疏生腺点，冠檐二唇形，上唇直立，先端微缺，下唇开展，3裂，中裂片半圆形，侧裂片弧形；雄蕊4，前对较长，外伸，花丝无毛，花药紫黑色；花柱内藏，先端2浅裂。小坚果长圆形，棕黄色，光滑。花期7~10月，果期10月至翌年1月。生于路旁、山坡、荒地、林内。

薄荷 *Mentha haplocalyx*

🌿 唇形科 Labiatae 　🌸 薄荷属 *Mentha*

多年生草本。茎直立，锐四棱形，具四槽，上部被倒向微柔毛，多分枝。叶片长圆状披针形、披针形，椭圆形或卵状披针形，先端锐尖，基部楔形至近圆形，边缘在基部以上疏生粗大的牙齿状锯齿。轮伞花序腋生；花萼管状钟形；花冠淡紫，外面略被微柔毛。小坚果卵珠形，黄褐色。花期 7~9 月，果期 10 月。生于水旁潮湿地。

紫苏 *Perilla frutescens*

唇形科 Labiatae ⊕ 紫苏属 *Perilla*

多年生草本或半灌木。芳香。根茎斜生，其节上具纤细的须根，多少木质。茎直立或近基部伏地，多少带紫色，四棱形，具倒向或微蜷曲的短柔毛。叶具柄，腹面具槽，背面近圆形，被柔毛，上面亮绿色，常带紫晕。花萼钟状，外面被小硬毛或近无毛，内面在喉部有白色柔毛环；花冠紫红、淡红至白色，管状钟形；花柱略超出雄蕊。小坚果卵圆形，褐色，无毛。花期 7~9 月，果期 10~12 月。生于路旁、山坡、荒地、林内。

蓝叶香茶菜 *Rabdosia amethystoides* var. *glaucocalyx*

唇形科 Labiatae ● 香茶菜属 *Rabdosia*

　　多年生、直立草本。根茎肥大，疙瘩状，木质，向下密生纤维状须根。茎四棱形，具槽，密被向下贴生疏柔毛或短柔毛。叶卵状圆形，叶疏被短柔毛及腺点，顶齿卵形或披针形而渐尖，锯齿较钝。花序为顶生圆锥花序；花萼钟形常带蓝色，外面密被贴生微柔毛；花冠白、蓝白或紫色，上唇带紫蓝色，外疏被短柔毛。成熟小坚果卵形，黄栗色，被黄色及白色腺点。花期 6~10 月，果期 9~11 月。生于山坡、路旁、林缘、林下及草丛中。

内折香茶菜 *Rabdosia inflexa*

唇形科 Labiatae　　香茶菜属 *Rabdosia*

　　多年生草本。根茎木质，疙瘩状。茎曲折，钝四棱形，沿棱上密被下曲具节白色疏柔毛。茎叶三角状阔卵形或阔卵形。花茎及分枝顶端及上部茎叶腋内着生，呈复合圆锥花序；花萼钟形，花冠淡红至青紫色；雄蕊4，内藏，花丝扁平，中部以下具髯毛；花柱丝状，内藏，先端相等2浅裂；花盘环状。成熟小坚果未见。花期8~10月。生于山谷、溪旁疏林中或阳处。

丹参 *Salvia miltiorrhiza*

唇形科 Labiatae ⊕ 鼠尾草属 *Salvia*

多年生直立草本。根肥厚，肉质，外面朱红色，内面白色。茎直立，四棱形，具槽，密被长柔毛，多分枝。叶常为奇数羽状复叶，密被向下长柔毛。轮伞花序6花或多花，下部者疏离，上部者密集，组成具长梗的顶生或腋生总状花序；花冠紫蓝色，外被具腺短柔毛，尤以上唇为密，冠筒外伸。小坚果黑色，椭圆形。花期4~8月，花后见果。生于山坡、林下草丛或溪谷旁。

荔枝草 *Salvia plebeia*

唇形科 Labiatae ● 鼠尾草属 *Salvia*

一年生或二年生草本。主根肥厚，向下直伸，有多数须根。茎直立，粗壮，多分枝，被向下的灰白色疏柔毛。叶椭圆状卵圆形或椭圆状披针形，先端钝或急尖，基部圆形或楔形，边缘具圆齿、牙齿或尖锯齿，草质，上面被稀疏的微硬毛，下面被短疏柔毛，余部散布黄褐色腺点；叶柄密被疏柔毛。轮伞花序；花冠淡红、淡紫、紫、蓝紫至蓝色，稀白色。小坚果倒卵圆形，成熟时干燥，光滑。花期 4~5 月，果期 6~7 月。生于山坡、路旁、沟边。

裂叶荆芥 *Schizonepeta tenuifolia*

唇形科 Labiatae　裂叶荆芥属 *Schizonepeta*

一年生草本。茎四棱形，多分枝，基部通常微红色。叶通常为指状三裂。花序为多数轮伞花序组成的顶生穗状花序，苞片叶状，小苞片线形；花萼管状钟形，花冠青紫色，冠檐二唇形；雄蕊4，后对较长，均内藏，花药蓝色；花柱先端近相等2裂。小坚果长圆状三棱形褐色，有小点。花期7~9月，果期在9月以后。生于山坡、路边或山谷、林缘。

黄芩 *Scutellaria baicalensis*

唇形科 Labiatae　　黄芩属 *Scutellaria*

　　多年生草本。根茎肉质。茎基部伏地，钝四棱形，具细条纹。叶披针形至线状披针形，全缘。花序在茎及枝上顶生，总状花序；花萼外面密被微柔毛，萼缘被疏柔毛，内面无毛；花冠紫、紫红至蓝色，外面密被具腺短柔毛；雄蕊 4，稍露出，前对较长，具半药，后对较短，具全药，药室裂口具白色髯毛。小坚果卵球形，黑褐色，具瘤，腹面近基部具果脐。花期 7~8 月，果期 8~9月。生于向阳草坡地、休荒地。

京黄芩 *Scutellaria pekinensis*

唇形科 Labiatae ● 黄芩属 *Scutellaria*

　　一年生草本。茎直立，四棱形，绿色，基部常带紫色，疏被上曲的白色小柔毛。叶草质，卵圆形或三角状卵圆形，先端锐尖至钝，基部截形至近圆形。花对生，排列成总状花序；花冠蓝紫色，外被具腺小柔毛，内面无毛；冠筒前方基部略膝曲状；花萼果时增大，密被小柔毛；雄蕊4，2强；子房光滑，无毛。成熟小坚果栗色或黑栗色，卵形，具瘤，腹面中下部具一果脐。花期6~8月，果期7~10月。生于石坡、潮湿地或林下。

并头黄芩 *Scutellaria scordifolia*

唇形科 Labiatae　　黄芩属 *Scutellaria*

　　根茎斜行或近直伸，节上生须根。茎直立，四棱形，常带紫色，在棱上疏被上曲的微柔毛，或几无毛，不分枝，或具分枝。叶具很短的柄或近无柄，腹凹背凸，被小柔毛；叶片三角状狭卵形或披针形。花单生于茎上部的叶腋内，偏向一侧；花梗被短柔毛；雄蕊4，均内藏；子房4裂，裂片等大。小坚果黑色椭圆形。花期6~8月，果期8~9月。生于草地或湿草甸。

毛曼陀罗 *Datura inoxia*

茄科 Solanaceae　　**曼陀罗属 *Datura***

　　一年生直立草本或半灌木状。茎粗壮，下部灰白色，分枝灰绿色或微带紫色。叶片广卵形。花萼圆筒状而不具棱角，向下渐稍膨大；花冠长漏斗状，下半部带淡绿色，上部白色；子房密生白色柔针毛。蒴果俯垂，近球状或卵球状，密生细针刺，针刺有韧曲性，全果亦密生白色柔毛，成熟后淡褐色，由近顶端不规则开裂。种子扁肾形，褐色。花果期 6~9 月。常生于村边、路旁。

曼陀罗 *Datura stramonium*

茄科 Solanaceae 曼陀罗属 *Datura*

　　草本或半灌木状。全体近于平滑或在幼嫩部分被短柔毛。茎粗壮，淡绿色或带紫色，下部木质化。叶广卵形，顶端渐尖，基部不对称楔形，边缘有不规则波状浅裂，裂片顶端渐尖。花单生于枝杈间或叶腋，直立，有短梗；花萼筒状，筒部有5棱角。蒴果直立生，卵状，表面生有坚硬针刺或有时无刺而近平滑，成熟后淡黄色，规则4瓣裂。种子卵圆形，稍扁，黑色。花期6~10月，果期7~11月。常生于住宅旁、路边或草地上。

枸杞 *Lycium chinense*

茄科 Solanaceae ⊕ 枸杞属 *Lycium*

　　分枝灌木。枝条细弱，弓状弯曲或俯垂，淡灰色，有纵条纹，生叶和花的棘刺较长，小枝顶端锐尖成棘刺状。叶纸质或栽培者质稍厚，单叶互生或2~4枚簇生，卵形。花萼通常3中裂或4~5齿裂，裂片多少有缘毛；花冠漏斗状，淡紫色，筒部向上骤然扩大，雄蕊较花冠稍短；花柱稍伸出雄蕊，上端弓弯，柱头绿色。浆果红色，卵状。种子扁肾脏形，黄色。花果期6~11月。常生于山坡、荒地、路旁及村边、宅旁。

假酸浆 *Nicandra physaloides*

茄科 Solanaceae　　假酸浆属 *Nicandra*

草本。茎直立，有棱条，无毛，上部交互不等的二歧分枝。叶卵形或椭圆形，草质。花单生于枝腋而与叶对生，通常具较叶柄长的花梗，俯垂；花萼5深裂，裂片顶端尖锐，基部心脏状箭形，有2个尖锐的耳片，果时包围果实。花冠钟状，浅蓝色，檐部有折襞，5浅裂。浆果球状，黄色。种子淡褐色。花果期7~10月。生于田边、荒地或住宅区。

酸浆（红姑娘）*Physalis alkekengi*

🌿 茄科 Solanaceae　　🌸 酸浆属 *Physalis*

　　多年生草本。叶长长卵形至阔卵形、有时菱状卵形，全缘而波状或者有粗牙齿，两面被有柔毛。花梗开花时直立，后来向下弯曲，密生柔毛而果时也不脱落；花萼阔钟状，密生柔毛；花冠辐状，白色；果萼卵状，薄革质，网脉显著，有 10 纵肋，橙色或火红色。浆果球状，橙红色，柔软多汁。种子肾脏形，淡黄色。花期 5~9 月，果期 6~10 月。生于田边或路旁。

毛酸浆 *Physalis pubescens*

茄科 Solanaceae　　酸浆属 *Physalis*

一年生草本。茎生柔毛，常多分枝，分枝毛较密。叶阔卵形，顶端急尖，基部歪斜心形，边缘通常有不等大的尖牙齿，两面疏生毛但脉上毛较密。花单独腋生，密生短柔毛；花萼钟状，密生柔毛，5 中裂，裂片披针形，边缘有缘毛；花冠淡黄色，喉部具紫色斑纹；雄蕊短于花冠，花药淡紫色。浆果球状，黄色或有时带紫色；果萼卵状，具 5 棱角和 10 纵肋。种子近圆盘状。花果期 5~11 月。多生于草地或田边、路旁。

野海茄 *Solanum japonense*

🌿茄科 Solanaceae　🌸茄属 *Solanum*

　　草质藤本。叶三角状宽披针形或卵状披针形。聚伞花序顶生或腋外生，疏毛；萼浅杯状，5 裂，萼齿三角形；花冠紫色，冠檐基部具 5 个绿色的斑点，花药长圆形；子房卵形，花柱纤细，柱头头状。浆果圆形，成熟后红色。种子肾形。花期 6~9 月，果期 7~10 月。生长于荒坡、山谷、水边、路旁及山崖疏林下。

龙葵 *Solanum nigrum*

茄科 Solanaceae　　茄属 *Solanum*

一年生直立草本。茎无棱或棱不明显，绿色或紫色。叶卵形，全缘或每边具不规则的波状粗齿，光滑或两面均被稀疏短柔毛。蝎尾状花序腋外生；花冠白色；花丝短，花药黄色。浆果球形，熟时黑色。种子多数，近卵形，两侧压扁。花期 6~9 月，果期 7~10 月。生于田边、荒地及村庄附近。

通泉草 *Mazus japonicus*

玄参科 Srophulariaceae ● 通泉草属 *Mazus*

　　一年生草本。基生叶倒卵状匙形至卵状倒披针形，基部下延成带翅的叶柄，边缘具不规则的粗齿或基部有 1~2 片浅羽裂；茎生叶对生或互生。总状花序生于茎、枝顶端；花萼钟状，萼片与萼筒近等长，卵形；花冠白色、紫色或蓝色。蒴果球形。花果期 4~10 月。生于湿润的草坡、沟边、路旁及林缘。

毛泡桐 *Paulownia tomentosa*

玄参科 Srophulariaceae　泡桐属 *Paulownia*

乔木。叶片心脏形，长达 40cm，新枝上的叶较大；叶柄常有黏质短腺毛。花序为金字塔形或狭圆锥形；萼浅钟形，外面绒毛不脱落，分裂至中部或裂过中部，萼齿卵状长圆形；花冠紫色，漏斗状钟形，檐部 2 唇形。蒴果卵圆形，幼时密生黏质腺毛。花期 4~5 月，果期 8~9 月。生于路边、沟旁或林缘。常栽培。

松蒿 *Phtheirospermum japonicum*

玄参科 Srophulariaceae　松蒿属 *Phtheirospermum*

一年生草本。叶具边缘有狭翅之柄，叶片长三角状卵形，近基部的羽状全裂，向上则为羽状深裂；小裂片长卵形或卵圆形，多少歪斜，边缘具重锯齿或深裂；萼齿 5 枚，叶状，披针形，羽状浅裂至深裂。花冠紫红色至淡紫红色；上唇裂片三角状卵形，下唇裂片先端圆钝。蒴果卵珠形。花果期 6~10 月。生于山坡灌丛阴处。

地黄 *Rehmannia glutinosa*

玄参科 Srophulariaceae　✿地黄属 *Rehmannia*

　　草本,密被灰白色多细胞长柔毛和腺毛。根茎肉质,鲜时黄色。叶通常在茎基部集成莲座状,向上则强烈缩小成苞片;叶片卵形至长椭圆形,上面绿色,下面略带紫色或成紫红色,边缘具不规则圆齿或钝锯齿以至牙齿。花冠筒外面紫红色;花冠裂片内面黄紫色,外面紫红色,两面均被多细胞长柔毛。蒴果卵形至长卵形。花果期 4~7 月。生于荒山坡、山脚、墙边、路旁等处。

阴行草 *Siphonostegia chinensis*

玄参科 Srophulariaceae　● 阴行草属 *Siphonostegia*

一年生草本。密被无腺短毛；叶对生，缘作疏远的二回羽状全裂，裂片仅约 3 对，线形或线状披针形，全缘。花对生于茎枝上部；有 1 对小苞片；花萼管部很长，10 条主脉显著凸出，齿 5 枚；花冠上唇红紫色，下唇黄色，上唇镰状弓曲；下唇约与上唇等长或稍长，顶端 3 裂；雄蕊 2 强。蒴果被包于宿存的萼内。花期 6~8 月。生于干燥山坡与草地中。

北水苦荬 *Veronica anagallis-aquatica*

玄参科 Srophulariaceae　　婆婆纳属 *Veronica*

　　多年生草本，通常全体无毛。根茎斜走。茎直立或基部倾斜，不分枝或分枝。叶无柄，上部的半抱茎，多为椭圆形或长卵形，全缘或有疏而小的锯齿。花序比叶长，多花；花冠浅蓝色，浅紫色或白色。蒴果近圆形，长宽近相等。花期4~9月。常见于水边及沼泽地。

阿拉伯婆婆纳 *Veronica persica*

玄参科 Srophulariaceae ◆ 婆婆纳属 *Veronica*

铺散多分枝草本。茎密生两列多细胞柔毛。叶 2~4 对，具短柄，卵形或圆形，基部浅心形，平截或浑圆，边缘具钝齿，两面疏生柔毛。总状花序很长；苞片互生，与叶同形且几乎等大；花萼裂片卵状披针形，有睫毛，三出脉；花冠蓝色、紫色或蓝紫色。蒴果肾形。花期 3~5 月。生于路边及荒野杂草。

凌霄花 *Campsis grandiflora*

紫葳科 Bignoniaceae　凌霄花属 *Campsis*

　　攀缘藤本。茎木质，表皮脱落，枯褐色，以气生根攀附于它物之上。叶对生，为奇数羽状复叶；小叶 7~9 枚，卵形至卵状披针形，顶端尾状渐尖，基部阔楔形，两侧不等大，两面无毛，边缘有粗锯齿。顶生疏散的短圆锥花序，花萼钟状，分裂至中部，裂片披针形；花冠内面鲜红色，外面橙黄色；雄蕊着生于花冠筒近基部，花丝线形，细长，花药黄色，"个"字形着生；花柱线形，柱头扁平，2 裂。蒴果顶端钝。花期 5~8 月。生于田边、路旁。

角蒿 *Incarvillea sinensis*

紫葳科 Bignoniaceae   角蒿属 *Incarvillea*

  一年生至多年生草本。根近木质而分枝。叶互生，不聚生于茎的基部，二至三回羽状细裂，形态多变异，小叶不规则细裂，末回裂片线状披针形，具细齿或全缘。顶生总状花序；花冠淡玫瑰色或粉红色，有时带紫色，钟状漏斗形；雄蕊4枚，2强。蒴果淡绿色，细圆柱形。种子扁圆形，四周具透明的膜质翅，顶端具缺刻。花期5~9月，果期10~11月。生于山坡、田野。

旋蒴苣苔 *Boea hygrometrica*

苦苣苔科 Gesneriaceae · 旋蒴苣苔属 *Boea*

　　多年生草本。叶全部基生，莲座状，无柄，近圆形，圆卵形，卵形，上面被白色贴伏长柔毛，下面被白色或淡褐色贴伏长绒毛，顶端圆形，边缘具牙齿或波状浅齿，叶脉不明显。聚伞花序伞状；花萼钟状；花冠淡蓝紫色；子房卵状长圆形。蒴果长圆形。花期 7~8 月，果期 9 月。生于山坡、路旁岩石上。

透骨草 *Phryma leptostachya* var. *asiatica*

透骨草科 Phrymaceae　透骨草属 *Phryma*

多年生草本。茎直立，四棱形，绿色或淡紫色。叶对生，叶片卵状长圆形、卵状披针形，草质。穗状花序生茎顶及侧枝顶端，被微柔毛或短柔毛；花通常多数，疏离，出自苞腋，在序轴上对生或于下部互生，具短梗，于蕾期直立，开放时斜展至平展，花后反折；花冠漏斗状筒形，蓝紫色、淡红色至白色。瘦果狭椭圆形，种皮薄膜质，与果皮合生。花期6~10月，果期8~12月。生于阴湿山谷或林下。

车前 *Plantago asiatica*

车前科 Plantaginaceae　　车前属 *Plantago*

二年生或多年生草本。须根，根茎短，稍粗。叶基生呈莲座状，平卧、斜展或直立；叶片薄纸质或纸质，宽卵形至宽椭圆形，两面疏生短柔毛。穗状花序细圆柱状；花冠白色，无毛。蒴果纺锤状卵形、卵球形或圆锥状卵形。花期 4~8 月，果期 6~9 月。生于草地、沟边、河岸湿地、田边、路旁或村边空旷处。

平车前 *Plantago depressa*

车前科 Plantaginaceae　　车前属 *Plantago*

一年生或二年生草本。直根系，根茎短。叶基生呈莲座状，平卧、斜展或直立；叶片纸质，椭圆形、椭圆状披针形或卵状披针形。花冠白色，无毛。蒴果卵状椭圆形至圆锥状卵形。花期5~7月，果期7~9月。生于草地、河滩、沟边、草甸、田间及路旁。

大车前 *Plantago major*

车前科 Plantaginaceae 　　车前属 *Plantago*

二年生或多年生草本。须根多数，根茎粗短。叶基生呈莲座状，平卧、斜展或直立；叶片草质、薄纸质或纸质，宽卵形至宽椭圆形。蒴果近球形、卵球形或宽椭圆球形。花期 6~8 月，果期 7~9 月。生于草地、沟边、山坡、路旁、田边或荒地。

六道木 *Abelia biflora*

忍冬科 Caprifoliaceae　　六道木属 *Abelia*

落叶灌木。叶全缘或中部以上羽状浅裂而具 1~4 对粗齿，上面深绿色，下面绿白色，边缘有睫毛。花单生；花冠白色、淡黄色或带浅红色，4 裂，雄蕊 4 枚，2 强。果实具硬毛，冠以 4 枚宿存而略增大的萼裂片。种子圆柱形，长 4~6mm，具肉质胚乳。早春开花，8~9 月结果。生于山坡、灌丛、林下及沟边。

北京忍冬 *Lonicera elisae*

忍冬科 Caprifoliaceae　　忍冬属 *Lonicera*

落叶灌木。2 年生小枝常有深色小瘤状突起。花与叶同时开放；苞片宽卵形至卵状披针形或披针形；相邻两萼筒分离；花冠白色或带粉红色，长漏斗状筒细长，基部有浅囊；雄蕊不高出花冠裂片。果实红色，椭圆形；种子淡黄褐色，矩圆形或卵圆形平滑。花期 4~5 月，果熟期 5~6 月。生于沟谷或山坡丛林或灌丛中。

忍冬（金银花）*Lonicera japonica*

🌿 忍冬科 Caprifoliaceae ⊕ 忍冬属 *Lonicera*

半常绿藤本。叶卵形至矩圆状卵形，有时卵状披针形，稀圆卵形或倒卵形。花冠白色，有时基部向阳面呈微红，后变黄色，唇形，筒稍长于唇瓣。雄蕊和花柱均高出花冠。果实圆形，熟时蓝黑色。种子卵圆形或椭圆形，褐色。花期 4~6 月（秋季亦常开花），果期 10~11 月。生于山坡、灌丛或疏林中。

金银木（金银忍冬）*Lonicera maackii*

忍冬科 Caprifoliaceae　　忍冬属 *Lonicera*

　　落叶灌木。叶通常卵状椭圆形至卵状披针形。花芳香；苞片条形；小苞片多少连合成对，长为萼筒的 1/2 至几相等，顶端截形；相邻两萼筒分离；花冠先白色后变黄色，唇形，筒长约为唇瓣的 1/2。果实暗红色，圆形。种子具蜂窝状微小浅凹点。花期 5~6 月，果期 8~10 月。生于林中或林缘溪流附近的灌丛中。

接骨木 *Sambucus williamsii*

忍冬科 Caprifoliaceae　　接骨木属 *Sambucus*

　　落叶灌木或小乔木。老枝淡红褐色，具明显的长椭圆形皮孔，髓部淡褐色。羽状复叶，搓揉后有臭气。花与叶同出，圆锥形聚伞花序顶生，具总花梗；萼筒杯状；花冠蕾时带粉红色，开后白色或淡黄色。果实红色，极少蓝紫黑色，卵圆形或近圆形。花期 4~5 月，果期 9~10 月。生于山坡、灌丛、沟边、路旁、宅边等地。

锦带花 *Weigela florida*

忍冬科 Caprifoliaceae　　锦带花属 *Weigela*

落叶灌木。幼枝稍四方形。叶矩圆形、椭圆形至倒卵状椭圆形，边缘有锯齿，上面疏生短柔毛，下面密生短柔毛或绒毛。花单生或成聚伞花序生于侧生短枝的叶腋或枝顶；花冠紫红色或玫瑰红色；花柱细长，柱头2裂。果实顶有短柄状喙；种子无翅。花期4~6月。生于杂木林下或山顶灌丛中。

异叶败酱 *Patrinia heterophylla*

败酱科 Valerianaceae　　败酱属 *Patrinia*

　　多年生草本。根状茎较长，横走；茎直立，被倒生微糙伏毛。基生叶丛生；茎生叶对生。花黄色，组成顶生伞房状聚伞花序，被短糙毛或微糙毛；花冠钟形。瘦果长圆形或倒卵形，顶端平截。花期 7~9 月，果期 8~10 月。常见于山地岩缝中、草丛中、路边、砂质坡或土坡上。

岩败酱 *Patrinia rupestris*

败酱科 Valerianaceae　　败酱属 *Patrinia*

多年生草本。根状茎稍斜升；茎多数丛生，连同花序梗被短糙毛。基生叶开花时常枯萎脱落，叶片倒卵长圆形、长圆形、卵形或倒卵形，羽状浅裂、深裂至全裂或不分裂而有缺刻状钝齿，裂片条形、长圆状披针形或披针形，顶生裂片常具缺刻状钝齿或浅裂至深裂。花密生，顶生伞房状聚伞花序具 3~7 级对生分枝；花冠黄色，漏斗状钟形。花期 7~9 月，果期 8~9 月。生于石质山坡岩缝、草地、草甸、山坡。

败酱 *Patrinia scabiosaefolia*

败酱科 Valerianaceae　🌼 败酱属 *Patrinia*

多年生草本。根状茎横卧或斜生，节处生多数细根。茎直立，黄绿色至黄棕色，有时带淡紫色。基生叶丛生，花时枯落，卵形、椭圆形或椭圆状披针形，基部楔形，边缘具粗锯齿，上面暗绿色，背面淡绿色；茎生叶对生，宽卵形至披针形。花序为聚伞花序组成的大型伞房花序，顶生；花冠钟形，黄色。瘦果长圆形。花期 7~9 月。常见于山坡、林下、林缘和灌丛。

缬草 *Valeriana officinalis*

🔲 败酱科 Valerianaceae　　🔵 缬草属 *Valeriana*

多年生高大草本。根状茎粗短呈头状，须根簇生；茎中空，有纵棱，被粗毛，尤以节部为多，老时毛少。匍枝叶、基出叶和基部叶在花期常凋萎；茎生叶卵形至宽卵形，羽状深裂，裂片7~11。花序顶生，成伞房状三出聚伞圆锥花序；小苞片中央纸质，两侧膜质；花冠淡紫红色或白色，雌雄蕊约与花冠等长。瘦果长卵形。花期5~7月，果期6~10月。常见于山坡、草地、林下、沟边。

石沙参 *Adenophora polyantha*

桔梗科 Campanulaceae ⊕沙参属 *Adenophora*

草本。茎 1 至数支发自一条茎基上，常不分枝。基生叶叶片心状肾形，边缘具不规则粗锯齿，基部沿叶柄下延；茎生叶完全无柄，卵形至披针形，边缘具疏离而三角形的尖锯齿或几乎为刺状的齿。花序常不分枝而成假总状花序，或有短的分枝而组成狭圆锥花序；花冠紫色或深蓝色，钟状，喉部常稍稍收缢。蒴果卵状椭圆形。花期 8~10 月。生于阳坡开旷草地。

轮叶沙参 *Adenophora tetraphylla*

桔梗科 Campanulaceae ❀沙参属 *Adenophora*

　　草本。茎高大，不分枝，无毛。茎生叶 3~6 枚轮生，无柄或有不明显叶柄，叶片卵圆形至条状披针形，边缘有锯齿，两面疏生短柔毛。花序狭圆锥状；花萼无毛，裂片钻状，全缘；花冠筒状细钟形，口部稍缢缩，蓝色、蓝紫色。蒴果球状圆锥形或卵圆状圆锥形。花期 7~9 月。常见于草地和灌丛中。

荠苨 *Adenophora trachelioides*

🌿桔梗科 Campanulaceae ⚘沙参属 *Adenophora*

草本。茎单生，无毛，常多少之字形曲折，有时具分枝。基生叶心状肾形，宽超过长；茎生叶具叶柄，叶片心形或在茎上部的叶基部近于平截形，边缘为单锯齿或重锯齿。花序分枝大多长而几乎平展，组成大圆锥花序，或分枝短而组成狭圆锥花序；花冠钟状，蓝色、蓝紫色或白色。蒴果卵状圆锥形。花期7~9月。生于阳坡草地或灌丛。

多歧沙参 *Adenophora wawreana*

🌿桔梗科 Campanulaceae　🌸沙参属 *Adenophora*

草本。根粗大。茎基常不分枝；茎通常单支，少多支发自一条茎基上，通常不分枝，常被倒生短硬毛或糙毛。基生叶心形，茎生叶具柄，叶片卵形，卵状披针形，少数为宽条形，基部浅心形，圆钝或楔状，顶端急尖至渐尖，边缘具多枚整齐或不整齐尖锯齿。花序为大圆锥花序，花序分枝长而多；花冠宽钟状，蓝紫色、淡紫色。蒴果宽椭圆状。花期 7~9 月。生于阴坡草丛或灌木林中。

羊乳（轮叶党参）*Codonopsis lanceolata*

桔梗科 Campanulaceae　党参属 *Codonopsis*

草本。植株全体光滑无毛或茎叶偶疏生柔毛。茎缠绕，常有多数短细分枝，黄绿而微带紫色。叶在主茎上互生，披针形或菱状狭卵形，细小，在小枝顶端通常2~4叶簇生，而近于对生或轮生状；叶柄短小，通常全缘或有疏波状锯齿，上面绿色，下面灰绿色，叶脉明显。花单生或对生于小枝顶端；花冠阔钟状，黄绿色或乳白色内有紫色斑。蒴果下部半球状，上部有喙。花果期7~8月。生于山地灌木林下、沟边阴湿地区或阔叶林内。

桔梗 *Platycodon grandiflorus*

桔梗科 Campanulaceae　桔梗属 *Platycodon*

　　草本。植株通常无毛，偶密被短毛，不分枝，极少上部分枝。叶全部轮生，部分轮生至全部互生，无柄或有极短的柄，叶片卵形，顶端急尖，上面无毛而绿色，下面常无毛而有白粉，有时脉上有短毛或瘤突状毛，边缘具细锯齿。花单朵顶生，或数朵集成假总状花序；花萼筒部半圆球状或圆球状倒锥形，被白粉，裂片三角形；花冠大，蓝色或紫色。蒴果球状。花期7~9月。生于阳处草丛、灌丛。

黄花蒿 *Artemisia annua*

菊科 Compositae　蒿属 *Artemisia*

一年生草本。植株有浓烈的挥发性香气；茎单生，有纵棱。叶纸质，绿色。头状花序球形，多数，在分枝上排成总状或复总状花序，并在茎上组成开展、尖塔形的圆锥花序；总苞片 3~4 层，内、外层近等长；花深黄色，雌花 10~18 朵，花冠狭管状，外面有腺点；两性花 10~30 朵，花冠管状。瘦果小，椭圆状卵形。花果期 8~11 月。生于路旁、荒地、山坡、林缘等处。

艾蒿 *Artemisia argyi*

菊科 Compositae　蒿属 *Artemisia*

多年生草本或略成半灌木状。植株有浓烈香气；茎有纵棱；茎、枝均被灰色蛛丝状柔毛。叶厚纸质，上面被灰白色短柔毛，并有白色腺点与小凹点，背面密被灰白色蛛丝状密绒毛。头状花序椭圆形，并在茎上通常再组成圆锥花序；总苞片 3~4 层，覆瓦状排列；花序托小；花冠狭管状，檐部具 2 裂齿，紫色；两性花冠管状，外面有腺点，檐部紫色。瘦果长卵形。花果期 7~10 月。生于林缘、路旁或疏林下。

茵陈蒿 *Artemisia capillaris*

菊科 Compositae　蒿属 *Artemisia*

　　半灌木状草本。植株有浓烈的香气；茎单生或少，有不明显的纵棱，基部木质，上部分枝多，向上斜伸展；茎、枝初时密生灰白色。头状花序卵球形，有短梗及线形的小苞叶，常排成复总状花序，并在茎上端组成大型、开展的圆锥花序；总苞片3~4层，雌花6~10朵，花冠狭管状或狭圆锥状；两性花3~7朵，不孕育，花冠管状。瘦果长圆形。花果期7~10月。生于湿润沙地、路旁及低山坡地区。

矮蒿 *Artemisia lancea*

菊科 Compositae　　蒿属 *Artemisia*

多年生草本。茎常成丛，具细棱，褐色或紫红色。基生叶与茎下部叶卵圆形，二回羽状全裂。头状花序多数，在分枝上端或小枝上排成穗状花序，而在茎上端组成圆锥花序；总苞片3层，覆瓦状排列；雌花1~3朵，花冠狭管状，檐部具2裂齿或无裂齿，紫红色；两性花2~5朵，花冠长管状，檐部紫红色。瘦果长圆形。花果期8~10月。生于林缘、路旁、荒坡及疏林下。

毛莲蒿（白莲蒿）*Artemisia vestita*

菊科 Compositae ❀ 蒿属 *Artemisia*

半灌木状草本。植株有浓烈的香气；茎直立，多数，丛生，下部木质，分枝多而长；茎、枝紫红色或红褐色，被蛛丝状微柔毛。叶面绿色，两面被灰白色密绒毛，背面毛密。头状花序多数，有短梗或近无梗，下垂，在茎的分枝上排成总状花序、复总状花序；总苞片 3~4 层；雌花花冠狭管状，檐部具 2 裂齿，花柱伸出花冠外；两性花花冠管状，花柱与花冠管近等长。瘦果长圆形。花果期 8~11 月。生于山坡、草地、灌丛、林缘等处。

三脉紫菀 *Aster ageratoides*

菊科 Compositae ⊕ 紫菀属 *Aster*

多年生草本。茎直立，有棱及沟，被柔毛或粗毛。叶片宽卵圆形，急狭成长柄；中部叶椭圆形，顶端渐尖，边缘有 3~7 对浅或深锯齿；上部叶渐小，全部叶纸质，上面被短糙毛，有离基三出脉，侧脉 3~4 对，网脉常显明。头状花序排列成伞房或圆锥伞房状；总苞倒锥状或半球状；总苞片 3 层，覆瓦状排列，线状长圆形；舌状花约 10 个，舌片线状长圆形，紫色，浅红色或白色；管状花黄色。瘦果。花果期 7~12 月。生于林下、林缘、灌丛及山谷湿地。

紫菀 *Aster tataricus*

菊科 Compositae　　紫菀属 Aster

多年生草本。茎直立，粗壮。长圆状或椭圆状匙形，下半部渐狭成长柄。全部叶厚纸质，上面被短糙毛；中脉粗壮，网脉明显。头状花序多数，在茎和枝端排列成复伞房状；花序梗长，有线形苞叶；总苞半球形；总苞片3层，线形或线状披针形，顶端尖或圆形；舌状花约20个；舌片蓝紫色。瘦果。花期7~9月，果期8~10月。生于低山阴坡湿地、山顶和低山草地及沼泽地。

苍术 *Atractylodes lancea*

菊科 Compositae ⊕ 苍术属 *Atractylodes*

多年生草本。茎直立，下部常紫红色，全部茎枝被稀疏的蛛丝状毛或无毛；基部叶花期脱落；中下部茎叶 3~5 羽状深裂或半裂，扩大半抱茎；全部叶质地硬，硬纸质，无毛，刺齿。头状花序单生茎枝顶端；总苞钟状，苞叶针刺状羽状全裂或深裂；总苞片 5~7 层，覆瓦状排列；小花白色；冠毛刚毛褐色或污白色，羽毛状，基部连合成环。瘦果倒卵圆状。花果期 6~10 月。生于山坡、草地、林下、灌丛及岩石缝隙中。

鬼针草 *Bidens bipinnata*

❀ 菊科 Compositae　　➊ 鬼针草属 *Bidens*

　　一年生草本。茎直立，下部略具四棱。叶对生，具柄，腹面沟槽，槽内及边缘具疏柔毛，二回羽状分裂，顶生裂片狭，先端渐尖，边缘有稀疏不规整的粗齿，两面均被疏柔毛。总苞杯形，基部有柔毛，外层苞片 5~7 枚，条形，草质，被稍密的短柔毛；舌状花通常 1~3 朵，不育，舌片黄色，椭圆形或倒卵状披针形，黄色，冠檐 5 齿裂。瘦果条形，略扁，具 3~4 棱，具瘤状突起及小刚毛。生于路边、荒地、山坡及田间。

小花鬼针草 *Bidens parviflora*

菊科 Compositae ⊕ 鬼针草属 *Bidens*

一年生草本。茎有纵条纹，中上部常为钝四方形。叶对生，腹面有沟槽，槽内及边缘有疏柔毛，二至三回羽状分裂，最后一次裂片条形，边缘稍向上反卷，上面被短柔毛。头状花序单生茎端及枝端，具长梗；总苞筒状，基部被柔毛，外层苞片4~5枚，草质，条状披针形，内层苞片稀疏；无舌状花，盘花两性，6~12朵，花冠筒状，冠檐4齿裂。瘦果条形，略具4棱。生于路边、荒地、林下及水沟边。

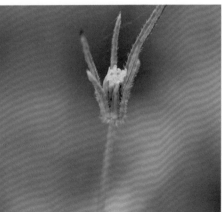

狼把草 *Bidens tripartita*

菊科 Compositae ⊕ 鬼针草属 *Bidens*

一年生草本。茎圆柱状或具钝棱而稍呈四方形，无毛。叶对生，下部的较小，不分裂，边缘具锯齿，通常于花期枯萎，中部叶具柄，有狭翅；叶片长椭圆状披针形，通常3~5深裂。头状花序单生茎端及枝端，具较长的花序梗；总苞盘状，外层苞片5~9枚，具缘毛，内层苞片膜质，褐色，有纵条纹；无舌状花，全为筒状两性花，冠檐4裂。瘦果扁。生于路边荒野及水边湿地。

飞廉 *Carduus nutans*

菊科 Compositae　　飞廉属 *Carduus*

　　二年生或多年生草本。茎单生或少数茎成簇生，通常多分枝，分枝细长；全部茎叶两面同色，两面沿脉被多细胞长节毛，但上面的毛稀疏，基部无柄，两侧沿茎下延成茎翼，但基部茎叶基部渐狭成短柄。头状花序通常下垂或下倾，单生茎顶或长分枝的顶端，但不形成明显的伞房花序排列；小花紫色；冠毛白色。瘦果灰黄色，楔形，稍压扁，有果缘，果缘全缘，无锯齿。花果期 6~10 月。生于山谷、田边或草地。

烟管头草 *Carpesium cernuum*

菊科 Compositae ● 天名精属 *Carpesium*

多年生草本。茎下部密被白色长柔毛，基部及叶腋尤密，常成绵毛状，有明显的纵条纹，多分枝；茎下部叶较大，具长柄，下部具狭翅，上面绿色，被稍密的倒伏柔毛，中部叶椭圆形至长椭圆形，具短柄，上部叶渐小，近全缘。头状花序单生茎端及枝端，开花时下垂；总苞壳斗状；苞片4层；雌花狭筒状，中部较宽，两端稍收缩。生于路边荒地及山坡、沟边等。

小红菊 *Chrysanthemum chanetii*

菊科 Compositae　菊属 *Chrysanthemum*

多年生草本。全部茎枝有稀疏的毛。中部茎叶肾形；全部中下部茎叶基部稍心形。头状花序在茎枝顶端排成疏松伞房花序，少有头状花序单生茎端的；总苞碟形；总苞片4~5层，外层宽线形，仅顶端膜质或膜质圆形扩大，边缘縫状撕裂，外面有稀疏的长柔毛；中内层渐短，宽倒披针形；全部苞片边缘白色或褐色膜质；舌状花白色、粉红色。瘦果顶端斜截，4~6条脉棱。花果期7~10月。生于山坡林缘、灌丛及河滩与沟边。

甘菊 *Chrysanthemum lavandulifolium*

菊科 Compositae ◆ 菊属 *Chrysanthemum*

多年生草本。茎枝有稀疏的柔毛。基部和下部叶花期脱落，中部茎叶卵形，一回全裂或几全裂，二回羽状半裂或浅裂；全部叶两面同色。头状花序多数在茎枝顶端排成疏松或稍紧密的复伞房花序；总苞碟形，约 5 层，外层线形、无毛或有稀柔毛，中内层卵形、全部苞片顶端圆形、边缘白色；舌状花黄色，舌片椭圆形，端全缘或 2~3 个不明显的齿裂。花果期 5~11 月。生于山坡、岩石、河谷、河岸、荒地。

大蓟 *Cirsium japonicum*

菊科 Compositae 蓟属 *Cirsium*

多年生草本。块根纺锤状或萝卜状。茎直立。基生叶较大，全形卵形、长倒卵形、椭圆形或长椭圆形，羽状深裂或几全裂，基部渐狭成短或长翼柄，柄翼边缘有针刺及刺齿。头状花序直立；小花红色或紫色；冠毛浅褐色。花果期 4~11 月。生于山坡林中、林缘、灌丛、草地、荒地、田间、路旁或溪旁。

烟管蓟 *Cirsium pendulum*

菊科 Compositae   蓟属 *Cirsium*

　　多年生草本。茎直立，粗壮，上部分枝，全部茎枝有条棱。总苞钟状，无毛；总苞片覆瓦状排列，外层与中层长三角形至钻状披针形，向外反折或开展，内层及最内层披针形，顶端短钻状渐尖；小花紫色，花冠细管部细丝状，檐部短，5 浅裂；冠毛污白色，多层；冠毛长羽毛状。瘦果偏斜楔状倒披针形。花果期 6~9 月。生于山谷、山坡、草地、林缘、林下、岩石缝隙、溪旁及村旁。

刺儿菜 *Cirsium setosum*

菊科 Compositae ☘ 蓟属 *Cirsium*

多年生草本。茎直立，上部有分枝，花序分枝无毛或有薄绒毛。基生叶和中部茎叶椭圆形、长椭圆形或椭圆状倒披针形，顶端钝或圆形，基部楔形，有时有极短的叶柄，通常无叶柄。头状花序单生茎端，或植株含少数或多数头状花序在茎枝顶端排成伞房花序；小花紫红色或白色；冠毛污白色，多层，整体脱落。瘦果淡黄色，椭圆形或偏斜椭圆形，压扁。花果期 5~9 月。生于山坡、河旁或荒地、田间。

香丝草 *Conyza bonariensis*

菊科 Compositae ⊕ 白酒草属 *Conyza*

一年生或二年生草本。茎中部以上常分枝，密被贴短毛。叶密集，下部叶倒披针形，通常具粗齿或羽状浅裂，狭披针形，中部叶具齿，上部叶全缘，两面均密被贴糙毛。头状花序多数，在茎端排列成总状或总状圆锥花序；总苞椭圆状卵形，总苞片 2~3 层，线形，顶端尖，背面密被灰白色短糙毛；雌花多层，白色，花冠细管状；两性花淡黄色，花冠管状。瘦果。花期 5~10 月。常生于荒地、田边、路旁。

小蓬草 *Conyza canadensis*

菊科 Compositae　白酒草属 *Conyza*

一年生草本。茎直立，圆柱状，有条纹，被疏长硬毛，上部多分枝。叶密集，下部叶倒披针形，中部和上部叶较小，线状披针形或线形，近无柄或无柄，被疏短毛边缘常被上弯的硬缘毛。头状花序多数，排列成顶生多分枝的大圆锥花序；花序梗细，总苞近圆柱状；总苞片 2~3 层，淡绿色；雌花多数，舌状，白色，舌片小；两性花淡黄色，花冠管状，上端具 4 或 5 个齿裂。瘦果。花期 5~9 月。生于旷野、荒地、田边和路旁。

秋英（波斯菊）*Cosmos bipinnata*

菊科 Compositae　秋英属 *Cosmos*

一年生或多年生草本。叶二次羽状深裂，裂片线形或丝状线形。头状花序单生；总苞片外层披针形，近革质，淡绿色，具深紫色条纹，上端长狭尖，较内层与内层等长，内层椭圆状卵形，膜质；舌状花紫红色，粉红色或白色，舌片椭圆状倒卵形，有3~5钝齿；管状花黄色，管部短，上部圆柱形，有披针状裂片。瘦果黑紫色。花期6~8月，果期9~10月。生于路旁、田埂、溪岸。常栽培。

东风菜 *Doellingeria scaber*

菊科 Compositae　　东风菜属 *Doellingeria*

　　根状茎粗壮。茎直立，被微毛。叶片心形，边缘有具小尖头的齿；中部叶较小，卵状三角形，有具翅的短柄；上部叶小，矩圆披针形；全部叶两面被微糙毛，有三或五出脉，网脉明显。头状花序，圆锥伞房状排列；总苞半球形，总苞片无毛，覆瓦状排列；舌状花约 10 个，舌片白色，条状矩圆形。瘦果。花期 6~10月，果期 8~10 月。生于山谷、坡地、草地和灌丛中。

蓝刺头 *Echinops sphaerocephalus*

菊科 Compositae　　蓝刺头属 *Echinops*

多年生草本。茎单生，上部分枝长或短，粗壮。全部叶质地薄，纸质，两面异色，上面绿色，被稠密短糙毛，下面灰白色。复头状花序单生茎枝顶端；外层苞片稍长于基毛，长倒披针形，上部椭圆形扩大，褐色；中层苞片倒披针形或长椭圆形，边缘有长缘毛，外面有稠密的短糙毛；内层披针形；小花淡蓝色或白色，花冠5深裂，裂片线形；冠毛量杯状，冠毛膜片线形。瘦果倒圆锥状。花果期8~9月。生于山坡、林缘或渠边。

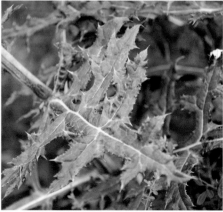

林泽兰 *Eupatorium lindleyanum*

菊科 Compositae　泽兰属 *Eupatorium*

　　多年生草本。茎直立，下部及中部红色或淡紫红色。全部茎枝被稠密的白色长或短柔毛；全部茎叶基生三出脉。头状花序多数在茎顶排成紧密的伞房花序；花序枝及花梗紫红色或绿色；总苞钟状；总苞片覆瓦状排列，约3层；全部苞片绿色或紫红色，顶端急尖；花白色、粉红色或淡紫红色；冠毛白色。瘦果黑褐色，椭圆状，5棱，散生黄色腺点。花果期5~12月。生于山谷阴处水湿地、林下湿地或草原上。

牛膝菊 *Galinsoga parviflora*

菊科 Compositae　牛膝菊属 *Galinsoga*

一年生草本。茎纤细。叶对生，卵形或长椭圆状卵形；全部茎叶两面粗涩，被白色稀疏贴伏的短柔毛，边缘浅或钝锯齿或波状浅锯齿。头状花序半球形，有长花梗，多数在茎枝顶端排成疏松的伞房花序；总苞半球形或宽钟状；舌状花4~5个，舌片白色；管状花黄色，下部被稠密的白色短柔毛。瘦果黑色或黑褐色，常压扁，被白色微毛。花果期7~10月。生于林下、河谷地、荒野、河边、田间、溪边或市郊路旁。

大丁草 *Gerbera anandria*

菊科 Compositae　大丁草属 *Gerbera*

多年生草本。春型者根状茎短,根颈多少为枯残的叶柄所围裹;根簇生,粗而略带肉质。叶基生,莲座状,于花期全部发育,叶片形状多变异,通常为倒披针形或倒卵状长圆形。头状花序单生于花莛之顶,倒锥形;两性花花冠管状二唇形;冠毛粗糙,污白色;秋型者植株较高,花莛长,叶片大,头状花序外层雌花管状二唇形,无舌片。花期春、秋二季。生于山顶、山谷丛林、荒坡、沟边或风化的岩石上。

菊芋 *Helianthus tuberosus*

菊科 Compositae　　向日葵属 *Helianthus*

　　多年生草本。茎直立，有分枝。叶通常对生，有叶柄，但上部叶互生；下部叶卵圆形，有长柄，基部宽楔形或圆形，有时微心形，顶端渐细尖，边缘有粗锯齿，有离基三出脉，上面被白色短粗毛、下面被柔毛，叶脉上有短硬毛，上部叶长椭圆形至阔披针形。头状花序较大，单生于枝；总苞片多层，披针形，边缘被开展的缘毛；舌状花通常 12~20 个，舌片黄色，开展；管状花花冠黄色。瘦果小，楔形。花期 8~9 月。生于山坡、河谷、林缘。

泥胡菜 *Hemistepta lyrata*

菊科 Compositae　　泥胡菜属 *Hemistepta*

一年生草本。茎单生，很少簇生，通常纤细，被稀疏蛛丝毛，上部长分枝，少有不分枝的。基生叶长椭圆形或倒披针形，花期通常枯萎；中下部茎叶与基生叶同形。全部茎叶质地薄，两面异色，上面绿色，无毛，下面灰白色，被厚或薄绒毛。头状花序在茎枝顶端排成疏松伞房花序；小花紫色或红色。瘦果小，深褐色。花果期 3~8 月。生于山坡、山谷、林缘、林下、草地、荒地、田间、河边、路旁。

阿尔泰狗娃花 *Heteropappus altaicus*

菊科 Compositae　狗娃花属 *Heteropappus*

多年生草本。有横走或垂直的根。茎直立；基部叶在花期枯萎；下部叶条形或矩圆状披针形，倒披针形，全缘或有疏浅齿；上部叶渐狭小，条形；全部叶两面或下面被粗毛或细毛，常有腺点，中脉在下面稍突起。头状花序单生枝端或排成伞房状；舌状花舌片浅蓝紫色，矩圆状条形。瘦果扁，倒卵状矩圆形，灰绿色或浅褐色，被绢毛，上部有腺。花果期 5~9 月。生于沙地及干旱山地。

狗娃花 *Heteropappus hispidus*

菊科 Compositae　狗娃花属 *Heteropappus*

一年生或二年生草本。有垂直的纺锤状根；茎被上曲或开展的粗毛，下部常脱毛，有分枝。基部及下部叶在花期枯萎，倒卵形，渐狭成长柄，顶端钝或圆形；中部叶矩圆状披针形，常全缘，上部叶小，条形；全部叶质薄。头状花序单生于枝端而排列成伞房状；总苞半球形；总苞片2层，近等长，条状披针形，草质，背面及边缘有多少上曲的粗毛，常有腺点。瘦果倒卵形，被密毛。花期7~9月，果期8~9月。生于荒地、路旁、林缘及草地。

旋覆花 *Inula japonica*

菊科 Compositae　旋覆花属 *Inula*

多年生草本。茎单生，有时 2~3 个簇生，直立。基部叶常较小，在花期枯萎；中部叶长圆形，无柄，边缘有小尖头状疏齿或全缘，下面有疏伏毛和腺点；上部叶渐狭小，线状披针形。头状花排列成疏散的伞房花序，花序梗细长；总苞半球形；总苞片约 6 层；舌状花黄色，舌片线形；管状花花冠有三角披针形裂片；冠毛 1 层。瘦果圆柱形，顶端截形，被疏短毛。花期 6~10 月，果期 9~11 月。生于山坡、路旁、湿润草地、河岸和田埂上。

线叶旋覆花 *Inula lineariifolia*

菊科 Compositae　　旋覆花属 *Inula*

多年生草本。茎直立，有细沟，被短柔毛。线状披针形，上面无毛，下面有腺点，被蛛丝状短柔毛或长伏毛。头状花序，在枝端单生或3~5个排列成伞房状；花序梗短或细长；总苞半球形；总苞片约4层，被腺和短柔毛，下部革质；舌状花较总苞长2倍，舌片黄色，长圆状线形；管状花有尖三角形裂片，冠毛1层，白色。瘦果圆柱形，有细沟，被短粗毛。花期7~9月，果期8~10月。生于山坡、荒地、路旁、河岸。

中华小苦荬 *Ixeridium chinensis*

菊科 Compositae　小苦荬属 *Ixeridium*

多年生草本。茎直立单生，上部伞房花序状分枝。基生叶长椭圆形，全缘，或羽状浅裂；茎生叶 2~4 枚，长披针形，不裂，边缘全缘，顶端渐狭，基部扩大，耳状抱茎；全部叶两面无毛。头状花序通常在茎枝顶端排成伞房花序，含舌状小花 21~25 枚；总苞圆柱状；总苞片 3~4 层；舌状小花黄色，干时带红色，冠毛白色，微糙。瘦果褐色，长椭圆形。花果期 1~10 月。生于山坡、路旁、田野、河边灌丛或岩石缝隙中。

抱茎小苦荬 *Ixeridium sonchifolium*

菊科 Compositae　　小苦荬属 *Ixeridium*

多年生草本。茎单生，直立，全部茎枝无毛。基生叶莲座状，边缘有锯齿，侧裂片 3~7 对，边缘有小锯齿；全部叶两面无毛。头状花序在茎枝顶端排成伞房花序或伞房圆锥花序；总苞圆柱形，总苞片 3 层；舌状小花黄色，冠毛白色。瘦果黑色，纺锤形。微糙毛状。花果期 3~5 月。生于山坡、路旁、林下、河滩地。

全叶马兰 *Kalimeris integrifolia*

菊科 Compositae ❀ 马兰属 *Kalimeris*

多年生草本。有长纺锤状直根。茎直立，单生或数个丛生，被细硬毛，中部以上有近直立的帚状分枝；下部叶在花期枯萎；全部叶下面灰绿，两面密被粉状短绒毛；中脉在下面突起。头状花序单生枝端且排成疏伞房状；总苞半球形；总苞片3层，覆瓦状排列；舌状花1层，20余个，管部有毛，舌片淡紫色；管状花花冠有毛，冠毛带褐色。瘦果倒卵形，浅褐色。花期6~10月，果期7~11月。生于山坡、林缘、灌丛、路旁。

山马兰 *Kalimeris lautureana*

菊科 Compositae　马兰属 *Kalimeris*

　　多年生草本。茎直立，单生或 2~3 个簇生，具沟纹，被白色向上的糙毛，上部分枝。叶厚或近革质，下部叶花期枯萎；中部叶披针形或矩圆状披针形，顶端渐尖或钝，茎部渐狭，无柄，有疏齿或羽状浅裂，分枝上的叶条状披针形，全缘。头状花序单生于分枝顶端且排成伞房状；总苞半球形；总苞片 3 层，覆瓦状排列，上部绿色，无毛，舌状花淡蓝色；管状花黄色，冠毛淡红色。瘦果倒卵形，扁平，淡褐色。生于山坡、草原、灌丛中。

蒙古马兰 *Kalimeris mongolica*

菊科 Compositae　马兰属 *Kalimeris*

多年生草本。茎直立，有沟纹，上部分枝。叶纸质，最下部叶花期枯萎，中部及下部叶倒披针形或狭矩圆形，羽状中裂，两面疏生短硬毛或近无毛，边缘具较密的短硬毛；裂片条状矩圆形，顶端钝，全缘；上部分枝上的叶条状披针形。头状花序单生于长短不等的分枝顶端；总苞半球形；总苞片 3 层，覆瓦状排列，无毛，椭圆形至倒卵形，顶端钝；舌状花淡蓝紫色；管状花黄色，冠毛淡红色。瘦果。花果期 7~9 月。生于山坡、灌丛、田边。

山莴苣 *Lagedium sibiricum*

菊科 Compositae ● 山莴苣属 *Lagedium*

多年生草本。茎直立，通常单生，常淡红紫色；中下部茎叶披针形、长披针形或长椭圆状披针形，无柄。头状花序含舌状小花约 20 枚，多数在茎枝顶端排成伞房花序或伞房圆锥花序；总苞片 3~4 层，不成明显的覆瓦状排列，通常淡紫红色，中外层三角形，顶端急尖，内层长披针形，全部苞片外面无毛；舌状小花蓝色或蓝紫色；冠毛白色，2 层。瘦果。花果期 7~9 月。生于林缘、林下、草甸、河岸、湖地水湿地。

火绒草 *Leontopodium leontopodioides*

菊科 Compositae　　火绒草属 *Leontopodium*

多年生草本。地下茎粗壮，分枝短，为枯萎的短叶鞘所包裹，有多数簇生的花茎和根出条，无莲座状叶丛；花茎直立，被灰白色长柔毛或白色近绢状毛。下部叶在花期枯萎宿存，叶直立。头状花序大，在雌株常有较长的花序梗而排列成伞房状；总苞半球形，被白色绵毛；总苞片约4层，无色或褐色；小花雌雄异株，稀同株；冠毛白色。瘦果有乳头状突起或密粗毛。花果期7~10月。生于石砾地、山区草地。

乳苣 *Mulgedium tataricum*

菊科 Compositae　乳苣属 *Mulgedium*

多年生草本。根垂直直伸。茎直立，有细条棱或条纹，上部有圆锥状花序分枝，全部茎枝光滑无毛；全部叶质地稍厚，两面光滑无毛。头状花序约含 20 枚小花，多数，在茎枝顶端狭或宽圆锥花序；总苞圆柱状或楔形；舌状小花紫色或紫蓝色，管部有白色短柔毛；冠毛 2 层，纤细，白色。瘦果长圆状披针形，稍压扁，灰黑色。花果期 6~9 月。生于河滩、湖边、草甸、田边。

蚂蚱腿子 *Myripnois dioica*

菊科 Compositae   ⊕ 蚂蚱腿子属 *Myripnois*

　　落叶小灌木。枝多而细直，具纵纹，被短柔毛。叶片纸质，生于短枝上的椭圆形或近长圆形，生于长枝上的阔披针形或卵状披针形，全缘，幼时两面被较密的长柔毛，老时脱毛；中脉两面均突起；叶柄被柔毛，短枝上的叶无明显的叶柄。头状花序近无梗或于果期有长达 8mm 的短梗，单生于侧枝之顶；花雌性和两性异株，先叶开放；雌花花冠紫红色，两性花花冠白色，管状二唇形。瘦果纺锤形，密被毛。花期 5 月。生于山坡或林缘路旁。

毛连菜 *Picris hieracioides*

菊科 Compositae　毛连菜属 *Picris*

　　二年生草本。茎直立，有纵沟纹，被亮色分叉的钩状硬毛。基生叶花期枯萎脱落；下部茎叶长椭圆形；中部和上部茎叶披针形；全部茎叶两面特别是沿脉被亮色的钩状分叉的硬毛。头状花序较多数，在茎枝顶端排成伞房花序，花序梗细长；总苞圆柱状钟形；总苞片3层；全部总苞片外面被硬毛和短柔毛；舌状小花黄色，冠筒被白色短柔毛；冠毛白色，羽毛状。瘦果纺锤形。花果期6~9月。生于山坡、草地、林下、沟边、田间。

多裂福王草（大叶盘果菊） *Prenanthes macrophylla*

菊科 Compositae　　盘果菊属 *Prenanthes*

　　多年生草本。茎直立，单生；中下部茎叶掌式羽状深裂，全叶圆形、几圆或长圆形，3 深裂或 3 全裂；上部茎叶与中下部茎叶同形并等样分裂或 3 深裂。头状花序多数，在或沿茎枝排列成圆锥花序；总苞狭圆柱状；总苞片约 3 层，外层及最外层短，内层 5 枚，线状长披针形；舌状小花 5 枚，淡红紫色；冠毛 2 层，浅土红色。瘦果圆柱状，棕色。花果期 7~10 月。生于山坡、山谷、林下、草丛中或潮湿地。

福王草（盘果菊）*Prenanthes tatarinowii*

菊科 Compositae　　盘果菊属 *Prenanthes*

多年生草本。茎直立，单生，上部圆锥状花序分枝，极少不分枝，全部茎枝无毛或几无毛；中下部茎叶或不裂，心形或卵状心形，边缘全缘或有锯齿或不等大的三角状锯齿，有长柄；向上的茎叶渐小，同形并等样分裂。头状花序含 5 枚舌状小花，多数；总苞狭圆柱状；舌状小花紫色、粉红色，极少白色或黄色；冠毛浅土红色或褐色。瘦果线形或长椭圆状，紫褐色。花果期 8~10月。生于山谷、山坡林缘、林下、草地或水旁潮湿地。

风毛菊 *Saussurea japonica*

菊科 Compositae　　风毛菊属 *Saussurea*

二年生草本。根倒圆锥状或纺锤形，黑褐色，生多数须根。茎直立，被稀疏的短柔毛及金黄色的小腺点；基生叶与下部茎叶有叶柄，柄有狭翼，叶片长椭圆形或披针形，羽状深裂，侧裂片边缘全缘或极少有大锯齿；两面同色，绿色，下面色淡，两面有稠密的凹陷性的淡黄色小腺点。头状花序；总苞圆柱状，被白色稀疏的蛛丝状毛；小花紫色；冠毛白色。瘦果深褐色，圆柱形。花果期6~11月。生于山谷、林下、山坡灌丛、水旁、田中。

小花风毛菊 *Saussurea parviflora*

菊科 Compositae　　风毛菊属 *Saussurea*

多年生草本。根状茎横走；茎直立，上部伞房花序状分枝，有狭翼；基生叶花期凋落；下部茎叶椭圆形，有翼柄，边缘有锯齿；中部茎叶披针形或椭圆状披针形，顶端渐尖；上部茎叶渐小，披针形，顶端渐尖。头状花序多数，在茎枝顶端排列成伞房状花序，小花梗短，几无毛；总苞钟状；总苞片5层，顶端或全部暗黑色，常被丛卷毛；小花紫色。冠毛白色。花果期7~9月。生于山坡阴湿处、山谷灌丛中、林下或石缝中。

篦苞风毛菊 *Saussurea pectinata*

菊科 Compositae ⊕ 风毛菊属 *Saussurea*

多年生草本。根状茎斜升；茎直立，有棱，下部被稀疏蛛丝毛，上部被短糙毛。基生叶花期枯萎，下部和中部茎叶有柄，叶片卵状披针形或椭圆形，羽状深裂，侧裂片边缘深波状或缺刻状钝锯齿，上面及边缘有糙毛，绿色，下面淡绿色，有短柔毛及腺点。头状花序数个在茎枝顶端排成伞房花序；总苞钟状；小花紫色；冠毛 2 层，污白色。瘦果圆柱状，无毛。花果期 8~10 月。生于山坡林下、林缘、路旁、沟谷。

银背风毛菊 *Saussurea nivea*

菊科 Compositae　　风毛菊属 *Saussurea*

多年生草本。根状茎斜升，颈部被褐色叶柄残迹；茎直立，被稀疏蛛丝毛或后脱毛，上部有伞房花房状分枝。基生叶花期脱落；下部与中部茎叶有长柄，叶片披针状三角形、心形或戟形，边缘有锯齿，齿顶有小尖头；全部叶两面异色，上面绿色，无毛，下面银灰色，被稠密的绵毛。头状花序在茎枝顶端排列成伞房花序；总苞钟状，被白色绵毛；小花紫色；冠毛2层，白色。瘦果，褐色，无毛。花果期7~9月。生于山坡林缘、林下及灌丛中。

华北鸦葱 *Scorzonera albicaulis*

菊科 Compositae ● 鸦葱属 *Scorzonera*

　　多年生草本。茎单生，上部伞房状，全部茎枝被白色绒毛，茎基被棕色的残鞘。基生叶与茎生叶同形，边缘全缘，两面光滑无毛，3~5 出脉，两面明显。头状花序在茎枝顶端排成伞房花序；总苞圆柱状；总苞片约 5 层，外层三角状卵形或卵状披针形，中内层椭圆状披针形、长椭圆形至宽线形；全部总苞片被薄柔毛；舌状小花黄色；冠毛污黄色。瘦果圆柱状；花果期 5~9 月。生于山谷或山坡杂木林下或林缘。

鸦葱 *Scorzonera austriaca*

菊科 Compositae ● 鸦葱属 *Scorzonera*

多年生草本。茎多数，直立，光滑无毛，茎基被稠密的棕褐色纤维状撕裂的鞘状残遗物。基生叶线形，3~7 出脉，侧脉不明显，边缘平或稍见皱波状；茎生叶少数，2~3 枚，半抱茎；总苞圆柱状；总苞片约 5 层，外层三角形或卵状三角形，中层偏斜披针形或长椭圆形，内层线状长椭圆形；全部总苞片外面光滑无毛，顶端急尖、钝或圆形；舌状小花黄色；冠毛淡黄色。瘦果圆柱状。花果期 4~7 月。生于山坡、草滩及河滩地。

桃叶鸦葱 *Scorzonera sinensis*

菊科 Compositae　🌼鸦葱属 *Scorzonera*

多年生草本。根垂直直伸，粗壮，褐色或黑褐色，通常不分枝，极少分枝。茎直立，簇生或单生，不分枝，光滑无毛；茎基被稠密的纤维状撕裂的鞘状残遗物。基生叶宽卵形，两面光滑无毛；茎生叶少数，鳞片状，披针形或钻状披针形，基部心形，半抱茎或贴茎。头状花序单生茎顶；总苞圆柱状；舌状小花黄色；冠毛污黄色；冠毛与瘦果连接处有蛛丝状毛环。瘦果。花果期4~9月。生于山坡、荒地或灌木林下。

腺梗豨莶 *Siegesbeckia pubescens*

菊科 Compositae　　豨莶属 *Siegesbeckia*

　　一年生草本。茎直立，粗壮，上部多分枝，被开展的灰白色长柔毛和糙毛。基部叶卵状披针形，花期枯萎；全部叶上面深绿色，下面淡绿色，两面被平伏短柔毛，沿脉有长柔毛。头状花序径多数生于枝端，排列成松散的圆锥花序；总苞宽钟状；总苞片2层，叶质，背面密生紫褐色头状具柄腺毛。瘦果倒卵圆形，4棱。花期5~8月，果期6~10月。生于山坡、山谷、林缘、河谷、溪边。

苣荬菜 *Sonchus arvensis*

菊科 Compositae　苦苣菜属 *Sonchus*

多年生草本。茎直立，有细条纹，花序分枝与花序梗被稠密的头状具柄的腺毛；基生叶多数；全部叶裂片边缘有小锯齿；全部叶基部渐窄成长或短翼柄，但中部以上茎叶无柄，基部圆耳状扩大半抱茎，两面光滑无毛。头状花序在茎枝顶端排成伞房状花序；总苞钟状，3 层；全部总苞片顶端长渐尖；舌状小花多数，黄色；冠毛白色。瘦果稍压扁，长椭圆形。花果期 1~9 月。生于山坡草地、林间草地、潮湿地或近水旁。

苦苣菜 *Sonchus oleraceus*

菊科 Compositae　苦苣菜属 *Sonchus*

　　一年生或二年生草本。根圆锥状，垂直直伸，有多数纤维状的须根。茎直立，单生。基生叶羽状深裂，全形长椭圆形或倒披针形；中下部茎叶羽状深裂或大头状羽状深裂，全形椭圆形或倒披针形。头状花序少数在茎枝顶端排紧密的伞房花序或总状花序或单生茎枝顶端；舌状小花多数，黄色；冠毛白色。瘦果褐色，长椭圆形或长椭圆状倒披针形。花果期 5~12 月。生于山坡或山谷林缘、林下或平地田间、空旷处或近水处。

短裂苦苣菜 *Sonchus uliginosus*

🌿菊科 Compositae　🌼苦苣菜属 *Sonchus*

多年生草本。根垂直直伸。茎直立，单生，有纵条纹，上部有伞房状花序分枝，全部茎枝光滑无毛。基生叶多数，与中下部茎叶同形，全形长椭圆形；全部叶两面光滑无毛。头状花序多数或少数在茎枝顶端排成伞房状花序；舌状小花黄色；冠毛白色。瘦果椭圆形。花果期6~10月。生于路旁、林下。

漏芦 *Stemmacantha uniflora*

菊科 Compositae　漏芦属 *Stemmacantha*

多年生草本。根状茎粗厚；根直伸。茎直立，不分枝，簇生或单生，灰白色，被棉毛，被褐色残存的叶柄。全部叶质地柔软，两面灰白色，被稠密的或稀疏的蛛丝毛及多细胞糙毛和黄色小腺点；叶柄灰白色，被稠密的蛛丝状棉毛。头状花序单生茎顶，花序梗粗壮；总苞半球形，总苞片约9层，覆瓦状排列；全部小花两性，管状，花冠紫红色；冠毛褐色。瘦果。花果期4~9月。生于山坡丘陵地、松林下或桦木林下。

兔儿伞 *Syneilesis aconitifolia*

菊科 Compositae　　兔儿伞属 *Syneilesis*

　　多年生草本。几根状茎短，横走，具多数须根，茎直立，紫褐色，无毛，具纵肋，不分枝。叶通常 2，疏生；下部叶具长柄；叶片盾状圆形，掌状深裂；上面淡绿色，下面灰色；叶柄无翅，无毛，基部抱茎。头状花序多数，在茎端密集成复伞房状；总苞筒状；小花 8~10，花冠淡粉白色；冠毛污白色或变红色，糙毛状。瘦果圆柱形。花期 6~7 月，果期 8~10 月。生于山坡荒地林缘或路旁。

蒲公英 *Taraxacum mongolicum*

菊科 Compositae · 蒲公英属 *Taraxacum*

　　多年生草本。根圆柱状，黑褐色，粗壮。叶倒卵状披针形、倒披针形或长圆状披针形，边缘有时具波状齿或羽状深裂。头状花序；总苞钟状，淡绿色；舌状花黄色，边缘花舌片背面具紫红色条纹，花药和柱头暗绿色；冠毛白色。瘦果倒卵状披针形，暗褐色，上部具小刺，下部具成行排列的小瘤。花期 4~9 月，果期 5~10 月。生于山坡、草地、路边、田野、河滩。

斑叶蒲公英 *Taraxacum variegatum*

菊科 Compositae ❀ 蒲公英属 *Taraxacum*

    多年生草本。叶倒披针形，近全缘，不分裂或具倒向羽状深裂，顶端裂片三角状戟形，叶面有暗紫色斑点，基部渐狭成柄；花莛上端疏被蛛丝状毛。头状花序；总苞钟状；外层总苞片卵形，先端具轻微的短角状突起；内层总苞片线状披针形，先端增厚或具极短的小角，边缘白色膜质；舌状花黄色，边缘花舌片背面具暗绿色宽带；冠毛白色。瘦果倒披针形，淡褐色。花果期4~6月。生于山地草甸或路旁。

狗舌草 *Tephroseris kirilowii*

菊科 Compositae ● 狗舌草属 *Tephroseris*

多年生草本。根状茎斜升，具多数纤维状根；茎单生，直立，不分枝，被密白色蛛丝状毛。基生叶数个，莲座状，具短柄，在花期生存，长圆形或卵状长圆形，两面被密或疏白色蛛丝状绒毛。头状花序；花序梗被密蛛丝状绒毛；总苞近圆柱状钟形；总苞片披针形或线状披针形，绿色或紫色，草质；舌状花；舌片黄色，长圆形；管状花多数，花冠黄色；冠毛白色。瘦果圆柱形，被密硬毛。花期 2~8 月。常生于草地、山坡或山顶阳处。

碱菀（竹叶菊）*Tripolium vulgare*

菊科 Compositae 　　碱菀属 *Tripolium*

　　茎单生或数个丛生于根颈上，下部常带红色，无毛，上部有多少开展的分枝。基部叶在花期枯萎，下部叶条状或矩圆状披针形，顶端尖，全缘或有具小尖头的疏锯齿；中部叶渐狭，无柄，上部叶渐小，苞叶状；全部叶无毛，肉质。头状花序排成伞房状，有长花序梗；总苞近管状，花后钟状；总苞片2~3层，疏覆瓦状排列，绿色，边缘常红色；冠毛有多层极细的微糙毛。瘦果扁，有边肋。花果期8~12月。生于海岸、湖滨、沼泽及盐碱地。

女菀 *Turczaninowia fastigiata*

菊科 Compositae   女菀属 *Turczaninowia*

根颈粗壮。茎直立，被短柔毛。下部叶在花期枯萎，条状披针形，顶端渐尖，全缘；中部以上叶渐小，披针形或条形，下面灰绿色，被密短毛及腺点，上面无毛，边缘有糙毛，稍反卷；中脉及三出脉在下面突起。头状花，多数在枝端密集；花序梗纤细；总苞片被密短毛，顶端钝，外层矩圆形，内层倒披针状矩圆形，上端及中脉绿色；舌状花白色；冠毛约与管状花花冠等长。瘦果矩圆形。花果期8~10月。生于荒地、山坡、路旁。

苍耳 *Xanthium sibiricum*

菊科 Compositae　苍耳属 *Xanthium*

　　一年生草本。根纺锤状。茎被灰白色糙伏毛。叶三角状卵形或心形，边缘有不规则的粗锯齿，有基生三出脉，脉上密被糙伏毛，上面绿色，下面苍白色，被糙伏毛。雄性的头状花序球形；总苞片长圆状披针形，被短柔毛；花托柱状，有微毛；有多数的雄花；花冠钟形，管部上端有5宽裂片；雌性的头状花序椭圆形，外层总苞片小，披针形，被短柔毛。瘦果2，倒卵形。花期7~8月，果期9~10月。常生于低山、荒野、路边、田边。

多花百日菊 *Zinnia peruviana*

菊科 Compositae　　百日菊属 *Zinnia*

一年生草本。茎直立，有二歧状分枝，被毛。叶披针形，基部圆形半抱茎，两面被短糙毛，三出基脉在下面稍高起。头状花序生枝端，排列成伞房状圆锥花序；总苞钟状，总苞片多层，长圆形，边缘稍膜质；舌状花黄色、紫红色或红色，舌片椭圆形，全缘或先端 2~3 齿裂；管状花红黄色，先端 5 裂。雌花瘦果狭楔形，极扁，具 3 棱，被密毛；管状花瘦果长圆状楔形，极扁，具缘毛。花期 6~10 月，果期 7~11 月。生于山坡、草地或路边。

东方泽泻 *Alisma orientale*

泽泻科 Alismataceae　　泽泻属 *Alisma*

　　多年生水生或沼生草本。块茎较大。叶多数，挺水叶宽披针形、椭圆形。花两性，心皮排列不整齐，花药黄绿色或黄色；花托在果期呈凹凸。瘦果椭圆形，两侧果皮纸质，半透明。种子紫红色。花果期5~9月。常见于湖泊、水塘、沟渠、沼泽。

野慈姑 *Sagittaria trifolia*

泽泻科 Alismataceae   慈姑属 *Sagittaria*

    多年生水生或沼生草本。根状茎横走,较粗壮。挺水叶箭形,叶柄基部渐宽,鞘状,边缘膜质,具横脉。花莛直立,挺水,通常粗壮;花序总状或圆锥状;花单性,花被片反折,外轮花被片椭圆形或广卵形,内轮花被片白色或淡黄色;雄花多轮,花梗斜举。瘦果两侧压扁,倒卵形,具翅。花果期 5~10 月。生于湖泊、池塘、沼泽、沟渠、水田。

花蔺 *Butomus umbellatus*

花蔺科 Butomaceae　　花蔺属 *Butomus*

多年生水生草本。根茎横走或斜向生长，节生须根多数。叶基生，无柄，先端渐尖，基部扩大成鞘状，鞘缘膜质。花莛圆柱形；花被片外轮较小，萼片状，绿色而稍带红色，内轮较大，花瓣状，粉红色；雌蕊柱头纵折状向外弯曲。蓇葖果成熟时沿腹缝线开裂，顶端具长喙。种子多数，细小。花果期7~9月。生于湖泊、水塘、沟渠的浅水中或沼泽里。

菹草 *Potamogeton crispus*

眼子菜科 Potamogetonaceae　　眼子菜属 *Potamogeton*

　　多年生沉水草本。具近圆柱形的根茎；茎稍扁，多分枝，近基部常匍匐地面，于节处生出疏或稍密的须根。叶条形，无柄，先端钝圆，基部与托叶合生，但不形成叶鞘，叶缘多少呈浅波状，具疏或稍密的细锯齿；叶脉 3~5 条，平行，顶端连接；托叶薄膜质，早落。穗状花序顶生，具花 2~4 轮；花小，被片 4；花淡绿色；雌蕊 4 枚，基部合生。果实卵形。花果期 4~7 月。生于池塘、水沟、灌渠及缓流河水。

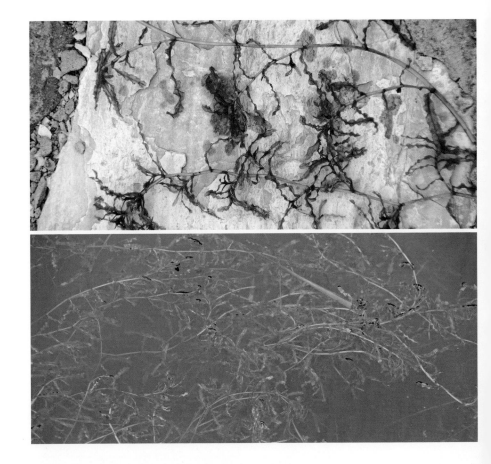

竹叶眼子菜 *Potamogeton malaianus*

眼子菜科 Potamogetonaceae　　眼子菜属 *Potamogeton*

　　多年生沉水草本。根茎发达，白色，节处生有须根。茎圆柱形。叶条形或条状披针形，具长柄；叶片边缘浅波状，有细微的锯齿，中脉显著；托叶大而明显，近膜质，无色或淡绿色，与叶片离生，鞘状抱茎。穗状花序顶生，具花多轮，密集或稍密集；花小，被片4；花绿色。果实倒卵形。花果期6~10月。常见于池塘、水沟、灌渠。

野葱 *Allium chrysanthum*

百合科 Liliaceae · 葱属 *Allium*

鳞茎圆柱状至狭卵状圆柱形；鳞茎外皮红褐色至褐色，薄革质，常条裂。叶圆柱状，中空，比花莛短。花莛圆柱状，中空；伞形花序球状，具多而密集的花；花黄色至淡黄色；花被片卵状矩圆形；子房倒卵球状，腹缝线基部无凹陷的蜜穴；花柱伸出花被外。花果期 7~9 月。生于山坡或草地上。

葱 *Allium fistulosum*

百合科 Liliaceae　　葱属 *Allium*

　　鳞茎单生，圆柱状；鳞茎外皮白色，稀淡红褐色。叶圆筒状，中空，向顶端渐狭，约与花莛等长。花莛圆柱状，中空，中部以下膨大，向顶端渐狭；伞形花序球状，多花，较疏散；小花梗纤细，与花被片等长，基部无小苞片；花白色；花被片近卵形。花果期4~7月。生于沟旁、路边。栽培供食用。

薤白 *Allium macrostemon*

🌸 百合科 Liliaceae　🌱 葱属 *Allium*

　　鳞茎近球状；鳞茎外皮带黑色，纸质或膜质。叶 3~5 枚，半圆柱状，或因背部纵棱发达而为三棱状半圆柱形，中空，上面具沟槽，比花莛短。花莛圆柱状；伞形花序半球状至球状，具多而密集的花，花淡紫色或淡红色；花被片矩圆状卵形至矩圆状披针形；子房近球状，腹缝线基部具有帘的凹陷蜜穴；花柱伸出花被外。花果期 5~7 月。生于山坡、山谷或草地上。

对叶山葱 *Allium listera*

百合科 Liliaceae　　葱属 *Allium*

多年生草本。叶椭圆形至卵圆形，基部圆形至心形。花莛幼时弯垂；伞形花序球形；花白色。生于山坡林下。

野韭 *Allium ramosum*

百合科 Liliaceae　葱属 *Allium*

　　具横生的粗壮根状茎；鳞茎近圆柱状；鳞茎外皮暗黄色至黄褐色，破裂成纤维状、网状或近网状。叶三棱状条形，背面具呈龙骨状隆起的纵棱，中空。花莛圆柱状，具纵棱；伞形花序半球状或近球状；花白色，稀淡红色；花被片具红色中脉。花果期6月底到9月。生于向阳山坡、草坡或草地上。

细叶韭 *Allium tenuissimum*

百合科 Liliaceae   葱属 *Allium*

    鳞茎数枚聚生，近圆柱状；鳞茎外皮紫褐色。叶半圆柱状至近圆柱状，与花葶近等长，光滑，稀沿纵棱具细糙齿。花葶圆柱状，具细纵棱，光滑，下部被叶鞘；伞形花序半球状或近扫帚状，松散；花白色或淡红色，稀为紫红色；外轮花被片卵状矩圆形至阔卵状矩圆形。花果期 7~9 月。生于山坡、草地或沙丘上。

天门冬 *Asparagus cochinchinensis*

百合科 Liliaceae　　天门冬属 *Asparagus*

　　多年生草本攀缘植物。根在中部或近末端成纺锤状膨大。茎平滑，常弯曲或扭曲，分枝具棱或狭翅。叶状枝通常每3枚成簇，扁平或由于中脉龙骨状而略呈锐三棱形。花通常每2朵腋生，淡绿色。浆果直径6~7mm，熟时红色，有1颗种子。花期5~6月，果期8~10月。生于山坡、路旁、疏林下、山谷或荒地上。

南玉带 *Asparagus oligoclonos*

❀ 百合科 Liliaceae ❀ 天门冬属 *Asparagus*

　　直立草本。茎平滑或稍具条纹。分枝具条纹；叶状枝通常5~12 枚成簇，近扁的圆柱形，略有钝棱，伸直或稍弧曲。花每1~2 朵腋生，黄绿色。浆果。花期 5 月，果期 6~7 月。生于林下或潮湿地上。

龙须菜 *Asparagus schoberioides*

百合科 Liliaceae　　天门冬属 *Asparagus*

直立草本。根细长。茎上部和分枝具纵棱。叶状枝通常每3~4枚成簇，窄条形，镰刀状；鳞片状叶近披针形，基部无刺。花每2~4朵腋生，黄绿色。浆果，熟时红色，通常有1~2颗种子。花期5~6月，果期8~9月。生于草坡或林下。

铃兰 *Convallaria majalis*

❀ 百合科 Liliaceae　❀ 铃兰属 *Convallaria*

多年生草本。植株全部无毛，常成片生长。叶椭圆形或卵状披针形，先端近急尖，基部楔形。花莛稍外弯；苞片披针形，短于花梗；花梗近顶端有关节，果熟时从关节处脱落；花白色，裂片卵状三角形。浆果熟后红色，稍下垂；种子扁圆形或双凸状。花期5~6月，果期7~9月。生于阴坡、林下潮湿处或沟边。

宝铎草 *Disporum sessile*

百合科 Liliaceae　　万寿竹属 *Disporum*

　　多年生草本。根状茎肉质，横出。茎直立，上部具叉状分枝。叶薄纸质，下面色浅，脉上和边缘有乳头状突起，具横脉。花黄色、绿黄色或白色，1~3 朵着生于分枝顶端；花被片近直出，倒卵状披针形，下部渐窄，内面有细毛，边缘有乳头状突起。浆果椭圆形或球形；种子深棕色。花期 3~6 月，果期 6~11 月。生于林下或灌丛中。

萱草 *Hemerocallis fulva*

百合科 Liliaceae　　萱草属 *Hemerocallis*

多年生宿根草本。根近肉质，中下部有纺锤状膨大。叶一般较宽；花早上开晚上凋谢，无香味，橘红色至橘黄色，内花被裂片下部一般有彩斑。花果期为 5~7 月。生于山坡、荒地和林缘。常栽培观赏。

北黄花菜 *Hemerocallis lilioasphodelus*

百合科 Liliaceae　　萱草属 *Hemerocallis*

多年生草本。根状茎短；一般稍肉质，粗 2~4mm。叶长 20~70cm，宽 3~12mm。花葶长于或稍短于叶；花序分枝，常为假二歧状的总状花序或圆锥花序，具 4 至多朵花；苞片披针形。蒴果椭圆形。花期 6~8 月，果期 7~9 月。生于草甸、湿草地、荒山坡或灌丛下。

小黄花菜 *Hemerocallis minor*

百合科 Liliaceae　　萱草属 *Hemerocallis*

多年生草本。根一般较细，绳索状，不膨大。花葶稍短于叶或近等长，顶端具 1~2 花，少有具 3 花；花梗很短；苞片近披针形；花被淡黄色；花被裂片长 4.5~6cm，内三片宽 1.5~2.3cm。蒴果椭圆形或矩圆形。花果期 5~9 月。生于草地、山坡或林下。

有斑百合 *Lilium concolor* var. *pulchellum*

百合科 Liliaceae　　百合属 *Lilium*

多年生草本。鳞茎卵球形；鳞片卵形或卵状披针形，白色，鳞茎上方茎上有根。茎有小乳头状突起。叶散生，条形，脉 3~7 条，边缘有小乳头状突起，两面无毛。花 1~5 朵排成近伞形或总状花序；花直立，星状开展，深红色；花被片有斑点。蒴果矩圆形。花期 6~7 月，果期 8~9 月。生于山坡、草丛、路旁，灌木林下。

卷丹 *Lilium lancifolium*

百合科 Liliaceae　百合属 *Lilium*

　　鳞茎近宽球形；鳞片宽卵形，白色。茎带紫色条纹，具白色绵毛。叶散生，矩圆状披针形或披针形，两面近无毛，先端有白毛，边缘有乳头状突起。花 3~6 朵或更多；苞片叶状，卵状披针形，先端钝，有白绵毛。蒴果狭长卵形。花期 7~8 月，果期 9~10月。生于山坡、灌木林下、草地、路边或水旁。

山丹 *Lilium pumilum*

百合科 Liliaceae ● 百合属 *Lilium*

多年生草本。鳞茎卵形或圆锥形；鳞片矩圆形或长卵形，白色。茎有小乳头状突起，有的带紫色条纹。叶散生于茎中部，条形，中脉下面突出，边缘有乳头状突起。花单生或数朵排成总状花序，鲜红色，通常无斑点；花被片反卷。蒴果矩圆形。花期7~8月，果期9~10月。生于山坡、草地或林缘。

二苞黄精 *Polygonatum involucratum*

百合科 Liliaceae ● 黄精属 *Polygonatum*

多年生草本。根状茎细圆柱形；茎具 4~7 叶。叶互生，卵形或卵状椭圆形，先端短渐尖，下部的具短柄，上部的近无柄。花序具 2 花，顶端具 2 枚叶状苞片；苞片卵形，宿存，具多脉；花梗极短，花被绿白色至淡黄绿色。浆果具 7~8 颗种子。花期 5~6 月，果期 8~9 月。生于林下或阴湿山坡。

热河黄精 *Polygonatum macropodium*

🌿百合科 Liliaceae 🌼黄精属 *Polygonatum*

根状茎圆柱形。叶互生，卵形至卵状椭圆形。花序近伞房状，具5~12花；花被白色或带红点。浆果深蓝色，具7~8颗种子。生于林下或阴坡。

玉竹 *Polygonatum odoratum*

🌿 百合科 Liliaceae　　🌼 黄精属 *Polygonatum*

多年生草本。根状茎圆柱形。叶互生，椭圆形至卵状矩圆形，先端尖，下面带灰白色，下面脉上平滑至呈乳头状粗糙。花序具 1~4 花；花被黄绿色至白色。浆果蓝黑色。花期 5~6 月，果期 7~9 月。生于林下或山野阴坡。

黄精 *Polygonatum sibiricum*

百合科 Liliaceae　黄精属 *Polygonatum*

多年生草本。根状茎，一头粗，一头较细。叶通常为 3 叶轮生，或间有少数对生或互生的，矩圆状披针形至条状披针形，先端尖至渐尖。花序通常 2~4 朵组成伞形状，花梗俯垂；花被淡黄色或淡紫色。浆果红色。花期 5~6 月，果期 8~10 月。生于林下或山坡、草地。

绵枣儿 *Scilla scilloides*

百合科 Liliaceae　绵枣儿属 *Scilla*

多年生草本。鳞茎卵形或近球形，鳞茎皮黑褐色。基生叶狭带状，柔软。总状花序；花紫红色、粉红色至白色，小。果近倒卵形。种子 1~3 颗，黑色，矩圆状狭倒卵形，长约 2.5~5mm。花果期 7~11 月。生于山坡、草地、路旁或林缘。

鹿药 *Smilacina japonica*

百合科 Liliaceae · 鹿药属 *Smilacina*

多年生草本。根状茎横走，多少圆柱状，有时具膨大结节；茎中部以上或仅上部具粗伏毛。叶纸质，卵状椭圆形、椭圆形或矩圆形，两面疏生粗毛或近无毛，具短柄。圆锥花序，有毛；花单生，白色。浆果近球形，熟时红色。具 1~2 颗种子。花期 5~6 月，果期 8~9 月。生于林下阴湿处或岩缝中。

黄花油点草 *Tricyrtis maculata*

百合科 Liliaceae　　油点草属 *Tricyrtis*

　　草本植物。茎上部疏生或密生短的糙毛。叶卵状椭圆形至矩圆状披针形，先端渐尖或急尖，两面疏生短糙伏毛，基部心形抱茎，边缘具短糙毛。二歧聚伞花序顶生或生于上部叶腋，花序轴和花梗生有淡褐色短糙毛，并间生有细腺毛；花疏散，但花通常黄绿色；花被片向上斜展或近水平伸展，但决不向下反折。蒴果直立。花果期6~10月。生于山坡、林下、路旁、沟边。

穿龙薯蓣（穿山龙）*Dioscorea nipponica*

薯蓣科 Dioscoreaceae   薯蓣属 *Dioscorea*

多年生缠绕草质藤本。根状茎横生，圆柱形，多分枝，栓皮层显著剥离。单叶互生；叶片掌状心形，叶表面黄绿色，有光泽，无毛或有稀疏的白色细柔毛，尤以脉上较密。花雌雄异株；穗状花序，雄花序腋生，雌花序单生。蒴果成熟后枯黄色，三棱形，顶端凹入。花期 6~8 月，果期 8~10 月。生于山坡、灌丛或杂木林中。

薯蓣 *Dioscorea opposita*

薯蓣科 Dioscoreaceae　　薯蓣属 *Dioscorea*

多年生缠绕草质藤本。块茎长圆柱形，垂直生长。茎通常带紫红色，右旋，无毛。单叶，在茎下部的互生，中部以上的对生；叶腋内常有珠芽。雌雄异株；雄花序为穗状花序，2~8 个着生于叶腋；花序轴明显地呈"之"字状曲折；苞片和花被片有紫褐色斑点；雄花的外轮花被片为宽卵形，内轮卵形。蒴果三棱状扁圆形，外面有白粉。花期 6~9 月，果期 7~11 月。生于山坡、山谷林下，溪边、路旁的灌丛中或杂草中。

雨久花 *Monochoria korsakowii*

雨久花科 Pontederiaceae　　雨久花属 *Monochoria*

多年生直立水生草本。根状茎粗壮，具柔软须根；茎直立，全株光滑无毛，基部有时带紫红色。叶基生和茎生；基生叶宽卵状心形，顶端急尖或渐尖，基部心形，全缘，具多数弧状脉，叶柄有时膨大成囊状；茎生叶叶柄渐短，基部增大成鞘，抱茎。总状花序顶生，有时再聚成圆锥花序；花蓝色。蒴果长卵圆形。花期 7~8 月，果期 9~10 月。生于池塘、湖沼浅水处。

野鸢尾 *Iris dichotoma*

🔷 鸢尾科 Iridaceae　　🔶 鸢尾属 *Iris*

多年生草本。根状茎为不规则的块状，棕褐色或黑褐色；须根发达，粗而长，黄白色。叶基生或在花茎基部互生，两面灰绿色，剑形。花茎实心；花蓝紫色或浅蓝色，有棕褐色的斑纹。蒴果圆柱形或略弯曲，果皮黄绿色，革质。种子暗褐色，椭圆形，有小翅。花期7~8月，果期8~9月。生于砂质草地、山坡石隙处。

马蔺 *Iris lactea*

🌿 鸢尾科 Iridaceae　　🌸 鸢尾属 *Iris*

　　多年生密丛草本。根状茎粗壮，木质，斜伸；须根粗而长，黄白色，少分枝。叶基生，坚韧，灰绿色，条形或狭剑形，顶端渐尖，基部鞘状，带红紫色，无明显的中脉。花茎光滑；花浅蓝色、蓝色或蓝紫色；花被管甚短，花药黄色，花丝白色。蒴果长椭圆状柱形，有 6 条明显的肋，顶端有短喙。花期 5~6 月，果期 6~9 月。生于荒地、路旁及山坡草丛中。

紫苞鸢尾 *Iris ruthenica*

鸢尾科 Iridaceae 鸢尾属 *Iris*

多年生草本。植株基部围有短的鞘状叶；根状茎斜伸，二歧分枝，节明显，外包以棕褐色老叶残留的纤维；须根粗，暗褐色。叶条形，灰绿色。花茎纤细；花蓝紫色。蒴果球形或卵圆形。种子球形或梨形，有乳白色的附属物。花期 5~6 月，果期 7~8 月。生于山坡石隙等干燥处。

扁茎灯心草 *Juncus compressus*

灯心草科 Juncaceae　灯心草属 *Juncus*

多年生草本。根状茎粗壮横走，褐色，具黄褐色须根；茎丛生，直立，圆柱形或稍扁，绿色。叶基生和茎生；低出叶鞘状，淡褐色；基生叶 2~3 枚，叶片线形；茎生叶 1~2 枚，叶片线形，扁平；叶耳圆形。顶生复聚伞花序；花单生，彼此分离。蒴果卵球形，成熟时褐色、光亮。花期 5~7 月，果期 6~8 月。生于河岸、塘边、田埂上、沼泽及草原湿地。

饭包草 *Commelina bengalensis*

鸭跖草科 Commelinaceae　　鸭跖草属 *Commelina*

多年生披散草本。茎大部分匍匐，节上生根。叶有明显的叶柄；叶片卵形，近无毛；叶鞘口沿有疏而长的睫毛；总苞片漏斗状，与叶对生，常数个集于枝顶，下部边缘合生。花序下面一枝具细长梗，具1~3朵不孕的花，伸出佛焰苞，上面一枝有花数朵，结实，不伸出佛焰苞；萼片膜质，披针形；花瓣蓝色，圆形。蒴果椭圆状。花果期夏秋季。生于湿地林下。

鸭跖草 *Commelina communis*

🌿 鸭跖草科 Commelinaceae　🌱 鸭跖草属 *Commelina*

一年生披散草本。茎匍匐生根，多分枝。叶披针形至卵状披针形；总苞片佛焰苞状，与叶对生，折叠状，展开后为心形，顶端短急尖，基部心形。聚伞花序，下面一枝仅有花 1 朵，不孕；上面一枝具花 3~4 朵，具短梗，几乎不伸出佛焰苞；花瓣深蓝色。蒴果椭圆形。种子棕黄色。常见于潮湿处。

竹叶子 *Streptolirion volubile*

鸭跖草科 Commelinaceae　　竹叶子属 *Streptolirion*

　　多年生攀缘草本。茎常无毛。叶片心状圆形，有时心状卵形，顶端常尾尖，基部深心形，上面多少被柔毛。蝎尾状聚伞花序有花1至数朵，集成圆锥状，圆锥花序下面的总苞片叶状；花瓣白色、淡紫色而后变白色，线形，略比萼长。蒴果。花期7~8月，果期9~10月。常生于山坡、草地、水旁、沟边。

京芒草 *Achnatherum pekinense*

禾本科 Gramineae ● 芨芨草属 *Achnatherum*

多年生草本。秆直立，光滑，疏丛，基部常宿存枯萎的叶鞘，并具光滑的鳞芽。叶鞘光滑无毛，叶舌质地较硬，平截，具裂齿，叶片扁平或边缘稍内卷。圆锥花序开展，分枝细弱；小穗草绿色或变紫色；颖膜质，几等长或第一颖稍长，披针形，先端渐尖，背部平滑，具 3 脉；外稃背部被柔毛，内稃近等长于外稃，背部圆形；花药黄色，顶端具毫毛。花果期 7~10 月。生于低矮山坡草地、林下、河滩及路旁。

节节麦 *Aegilops tauschii*

🌿 禾本科 Gramineae　　🌼 山羊草属 *Aegilops*

　　草本。叶鞘紧密包茎,平滑无毛而边缘具纤毛;叶舌薄膜质,叶片条形,微粗糙,上面疏生柔毛。穗状花序圆柱形,小穗圆柱形;颖革质,顶端截平或有微齿;外稃披针形,内稃与外稃等长,脊上具纤毛。花果期5~6月。多生于荒芜草地或麦田中。

看麦娘 *Alopecurus aequalis*

禾本科 Gramineae　　看麦娘属 *Alopecurus*

一年生草本。秆少数丛生，光滑，节处常膝曲。叶鞘光滑，短于节间；叶舌膜质；叶片扁平。圆锥花序圆柱状，灰绿色；小穗椭圆形或卵状长圆形；颖膜质，基部互相连合；外稃膜质；花药橙黄色。颖果长约 1mm。花果期 4~8 月。生于山坡、路旁及林缘。

矛叶荩草 *Arthraxon lanceolatus*

禾本科 Gramineae · 荩草属 *Arthraxon*

多年生草本。秆较坚硬，直立或倾斜。叶鞘短于节间，无毛或疏生疣基毛；叶舌膜质，被纤毛；叶片披针形至卵状披针形，边缘通常具疣基毛。总状花序；第一颖硬草质，先端尖，两侧呈龙骨状，第二颖与第一颖等长，舟形，质地薄；雄蕊 3 枚，花药黄色。花果期 7~10 月。生于山坡、旷野及沟边阴湿处。

野古草 *Arundinella anomala*

禾本科 Gramineae ⚘ 野古草属 *Arundinella*

　　多年生草本。根茎较粗壮，密生具多脉的鳞片。秆直立，疏丛生，有时近地面数节倾斜并有不定根，质硬，节黑褐色，具髯毛或无毛；叶鞘无毛或被疣毛；叶舌短，上缘圆凸，具纤毛；叶片条形，常无毛或仅背面边缘疏生一列疣毛至全部被短疣毛；第一小花雄性，花药紫色，外稃上部略粗糙，无芒。花果期7~10月。生于山坡、灌丛、道旁、林缘、田地边及水沟旁。

野燕麦 *Avena fatua*

禾本科 Gramineae ● 燕麦属 *Avena*

一年生草本。须根较坚韧。秆直立，光滑无毛。叶鞘松弛，光滑或基部者被微毛；叶舌透明膜质，叶片扁平，微粗糙，或上面和边缘疏生柔毛。圆锥花序开展，金字塔形；小穗轴密生淡棕色或白色硬毛，其节脆硬易断落；外稃质地坚硬，第一外稃背面中部以下具淡棕色或白色硬毛，芒自稃体中部稍下处伸出，膝曲，芒柱棕色，扭转。颖果被淡棕色柔毛，腹面具纵沟。花果期4~9月。生于荒芜田野。

菵草 *Beckmannia syzigachne*

禾本科 Gramineae ◆ 菵草属 *Beckmannia*

一年生草本。秆直立。叶鞘无毛，多长于节间；叶舌透明膜质，叶片扁平，粗糙或下面平滑。圆锥花序，分枝稀疏，直立或斜升；小穗扁平，圆形，灰绿色，常含1小花；颖草质；边缘质薄，白色，背部灰绿色，具淡色的横纹；外稃披针形，常具伸出颖外之短尖头。花药黄色；颖果黄褐色，长圆形，先端具丛生短毛。花果期4~10月。生于湿地、水沟边及浅的流水中。

野牛草 *Buchloe dactyloides*

禾本科 Gramineae ◆ 野牛草属 *Buchloe*

多年生草本。植株纤细。叶鞘疏生柔毛，叶舌短小，具细柔毛；叶片线形，粗糙，两面疏生白柔毛。雄花序有 2~3 枚总状排列的穗状花序，草黄色；雌花序常呈头状。花果期 5~8 月。 生于田边或路旁。引进栽培。

假苇拂子茅 *Calamagrostis pseudophragmites*

禾本科 Gramineae ● 拂子茅属 *Calamagrostis*

多年生草本。秆直立。叶鞘平滑无毛，或稍粗糙，短于节间，有时在下部者长于节间；叶舌膜质，叶片扁平或内卷，上面及边缘粗糙，下面平滑。圆锥花序长圆状披针形，疏松开展，分枝簇生，直立，细弱，稍糙涩；颖线状披针形，成熟后张开，顶端长渐尖，不等长；外稃透明膜质，顶端全缘，稀微齿裂，芒自顶端或稍下伸出，细直，细弱，基盘的柔毛等长或稍短于小穗；雄蕊 3 枚。花果期 7~9 月。生于山坡、草地或河岸阴湿处。

虎尾草 *Chloris virgata*

禾本科 Gramineae　　虎尾草属 *Chloris*

一年生草本。秆直立或基部膝曲。叶鞘背部具脊，包卷松弛，无毛；叶片线形，两面无毛或边缘及上面粗糙。穗状花序，指状着生于秆顶，常直立而并拢成毛刷状，有时包藏于顶叶之膨胀叶鞘中，成熟时常带紫色；第一小花两性，外稃纸质，两侧压扁，呈倒卵状披针形，沿脉及边缘被疏柔毛或无毛；第二小花不孕，长楔形，仅存外稃。颖果纺锤形，淡黄色，光滑无毛而半透明。花果期6~10月。生于路旁荒野、河岸沙地、土墙及房顶上。

多叶隐子草 *Cleistogenes polyphylla*

禾本科 Gramineae 隐子草属 *Cleistogenes*

多年生草本。秆直立，丛生，粗壮，具多节，干后叶片常自鞘口处脱落，秆上部左右弯曲，与鞘口近于叉状分离。叶鞘多少具疣毛，层层包裹直达花序基部；叶舌截平，叶片披针形至线状披针形，扁平或内卷，坚硬。花序狭窄，基部常为叶鞘所包，小穗绿色或带紫色；颖披针形或长圆形；外稃披针形，内稃与外稃近等长。花果期 7~10 月。生于干燥山坡、沟岸、灌丛。

橘草 *Cymbopogon goeringii*

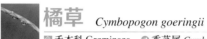

禾本科 Gramineae ⊕ 香茅属 *Cymbopogon*

多年生草本。秆直立丛生。叶鞘无毛，下部者聚集秆基，质地较厚，内面棕红色，老后向外反卷，上部者均短于其节间；叶片线形，扁平，顶端长渐尖成丝状，边缘微粗糙。圆锥花序，无柄小穗长圆状披针形；第一颖背部扁平，下部稍窄，略凹陷，上部具宽翼，翼缘密生锯齿状微粗糙；第二外稃中部膝曲；雄蕊 3 枚。花果期 7~10 月。生于丘陵、山坡、草地、荒野和平原路旁。

狗牙根 *Cynodon dactylon*

禾本科 Gramineae　狗牙根属 *Cynodon*

　　低矮草本。秆细而坚韧，下部匍匐地面蔓延甚长，节上常生不定根。叶鞘微具脊，无毛或有疏柔毛，鞘口常具柔毛；叶舌仅为一轮纤毛；叶片线形，通常两面无毛。穗状花序，第二颖稍长，背部成脊而边缘膜质；外稃舟形，背部明显成脊，脊上被柔毛；内稃与外稃近等长；鳞被上缘近截平；花药淡紫色；子房无毛，柱头紫红色。颖果长圆柱形。花果期 5~10 月。生于村庄附近、道旁河岸、荒地山坡。

长芒稗 *Echinochloa caudata*

禾本科 Gramineae　　稗属 *Echinochloa*

　　草本。秆高大；叶鞘无毛或常有疣基毛(或毛脱落仅留疣基)，或仅有粗糙毛或仅边缘有毛；叶舌缺；叶片线形。圆锥花序稍下垂，主轴粗糙，具棱，疏被疣基长毛；分枝密集，常再分小枝；小穗卵状椭圆形，常带紫色；第一颖三角形，先端尖，具三脉，第二颖与小穗等长；第一外稃草质，第二外稃革质，光亮，边缘包着同质的内稃；花柱基分离。花果期5~8月。生于田边、路旁及河边湿润处。

稗 *Echinochloa crusgalli*

禾本科 Gramineae ● 稗属 *Echinochloa*

一年生草本。叶长条形，叶鞘疏松裹秆，平滑无毛，下部者长于而上部者短于节间；叶舌缺；叶片扁平，线形。圆锥花序直立，近尖塔形；穗轴粗糙或生疣基长刺毛；小穗卵形；第一小花通常中性，其外稃草质；第二外稃椭圆形，平滑，光亮，成熟后变硬，顶端具小尖头，尖头上有一圈细毛，边缘内卷，包着同质的内稃，但内稃顶端露出。花果期5~8月。生于沼泽地、沟边及水稻田中。

无芒稗 *Echinochloa crusgalli* var. *mitis*

禾本科 Gramineae ⊕ 稗属 *Echinochloa*

一年生草本。秆高较高，直立，粗壮。叶条形。圆锥花序直立，分枝斜上举而开展，常再分枝；小穗卵状椭圆形，无芒或具极短芒，芒长较短，脉上被疣基硬毛。花果期5~7月。生于田边、路旁等地。

西来稗 *Echinochloa crusgalli* var. *zelayensis*

禾本科 Gramineae ● 稗属 *Echinochloa*

一年生草本。秆直立，粗壮。叶条形。圆锥花序直立，分枝上不再分枝；小穗卵状椭圆形，顶端具小尖头而无芒，脉上无疣基毛，但疏生硬刺毛。花果期5~8月。生于水边或稻田中。

大画眉草 *Eragrostis cilianensis*

🌿 禾本科 Gramineae 🌼 画眉草属 *Eragrostis*

一年生草本。秆粗壮，<u>直立丛生</u>，基部常膝曲。叶鞘疏松裹茎，脉上有腺体，鞘口具长柔毛；叶舌为一圈成束的短毛。圆锥花序长圆形或尖塔形，小穗长圆形或卵状长圆形，墨绿色带淡绿色或黄褐色，扁压并弯曲，小穗除单生外，常密集簇生；颖近等长，脊上均有腺体；外稃呈广卵形，先端钝；雄蕊3枚。颖果近圆形。花果期7~10月。生于荒芜草地上。

知风草 *Eragrostis ferruginea*

禾本科 Gramineae 画眉草属 *Eragrostis*

多年生草本。秆丛生或单生，直立或基部膝曲。叶鞘两侧极压扁，基部相互跨覆，均较节间为长，光滑无毛；叶片平展或折叠。圆锥花序大而开展，分枝节密；小穗长圆形；第一颖披针形，先端渐尖，第二颖长披针形，先端渐尖；外稃卵状披针形，先端稍钝。颖果棕红色。花果期 8~12 月。生于路边、山坡草地。

小画眉草 *Eragrostis minor*

禾本科 Gramineae ● 画眉草属 *Eragrostis*

一年生草本。秆纤细，节下具有一圈腺体。叶鞘较节间短，松裹茎，叶鞘脉上有腺体，鞘口有长毛；叶舌为一圈长柔毛，平展或蜷缩。圆锥花序开展而疏松，小穗长圆形，颖锐尖；第一外稃广卵形，先端圆钝，侧脉明显并靠近边缘，主脉上有腺体；内稃弯曲，脊上有纤毛，宿存；雄蕊 3 枚。颖果红褐色，近球形。花果期 6~9 月。生于荒芜田野、草地和路旁。

野黍 *Eriochloa villosa*

禾本科 Gramineae   野黍属 *Eriochloa*

　　一年生草本。秆直立，基部分枝，稍倾斜。叶鞘无毛或被毛或鞘缘一侧被毛，松弛包茎，节具髭毛；叶片扁平。圆锥花序狭长；小穗卵状椭圆形，小穗柄极短，密生长柔毛；第一颖微小，短于或长于基盘，第二颖与第一外稃皆为膜质，等长于小穗，均被细毛；雄蕊 3；花柱分离。颖果卵圆形。花果期 7~10 月。生于山坡和潮湿地区。

臭草 *Melica scabrosa*

禾本科 Gramineae 臭草属 *Melica*

多年生草本。须根细弱，较稠密。秆丛生，直立或基部膝曲。叶鞘闭合近鞘口，常撕裂；叶舌透明膜质；叶片质较薄，扁平，干时常卷折。圆锥花序狭窄，分枝直立或斜向上升，小穗柄短，纤细，上部弯曲，被微毛；小穗淡绿色或乳白色，外稃草质，顶端尖或钝且为膜质，内稃短于外稃或相等，倒卵形；雄蕊3枚；颖果褐色，纺锤形，有光泽。花果期5~8月。生于山坡草地、荒芜田野、渠边路旁。

芒 *Miscanthus sinensis*

禾本科 Gramineae　芒属 *Miscanthus*

多年生苇状草本。叶鞘无毛，长于其节间；叶舌膜质，顶端及其后面具纤毛；叶片线形，下面疏生柔毛及被白粉，边缘粗糙。圆锥花序直立；分枝较粗硬，直立；小枝节间三棱形，边缘微粗糙；小穗披针形，黄色有光泽，基盘具等长于小穗的白色或淡黄色的丝状毛；裂片间具1芒；雄蕊3枚，秄褐色，先雌蕊而成熟；柱头羽状，紫褐色，从小穗中部之两侧伸出。颖果长圆形，暗紫色。花果期7~12月。生于山地、丘陵和荒坡原野。

求米草 *Oplismenus undulatifolius*

🌿禾本科 Gramineae ⊕ 求米草属 *Oplismenus*

　　一年生草本。秆纤细，基部平卧地面，节处生根。叶鞘短于或上部者长于节间，密被疣基毛；叶舌膜质，叶片扁平，披针形至卵状披针形。圆锥花序，主轴密被疣基长刺柔毛，分枝短缩；颖草质，第一颖长约为小穗之半，第二颖较长于第一颖；第一内稃通常缺，第二外稃革质，平滑，结实时变硬，边缘包着同质的内稃；鳞被2枚，膜质；雄蕊3枚；花柱基分离。花果期7~11月。生于疏林下阴湿处。

稷 *Panicum miliaceum*

禾本科 Gramineae　黍属 *Panicum*

一年生草本。秆粗壮，直立。叶鞘松弛，被疣基毛；叶舌膜质，顶端具睫毛；叶片线形或线状披针形，两面具疣基的长柔毛或无毛，顶端渐尖，基部近圆形，边缘常粗糙。圆锥花序开展或较紧密，成熟时下垂，分枝粗或纤细，具棱槽，边缘具糙刺毛，下部裸露，上部密生小枝与小穗；小穗卵状椭圆形；颖纸质，无毛；鳞被较发育，多脉。胚乳长为谷粒的 1/2，种脐点状，黑色。花果期 7~10 月。生于田边、路旁。常栽培。

狼尾草 *Pennisetum alopecuroides*

🌿 禾本科 Gramineae 🌼 狼尾草属 *Pennisetum*

　　多年生草本。须根较粗壮，秆直立，丛生，在花序下密生柔毛。叶鞘光滑，两侧压扁，主脉呈脊，在基部者跨生状，秆上部者长于节间；叶片线形，先端长渐尖，基部生疣毛。圆锥花序直立，小穗通常单生，偶有双生，线状披针形；第一小花中性，第一外稃与小穗等长，第二外稃与小穗等长，披针形；雄蕊3，花药顶端无毫毛；花柱基部联合。颖果长圆形。花果期5~8月。生于田岸、荒地、路旁及小山坡上。

芦苇 *Phragmites australis*

禾本科 Gramineae ● 芦苇属 *Phragmites*

多年生草本。根状茎十分发达。秆直立。叶鞘下部者短于而上部者，长于其节间；叶舌边缘密生一圈短纤毛，叶片披针状线形，顶端长渐尖成丝形。圆锥花序大型，小穗柄无毛；第一不孕外稃雄性，第二外稃顶端长渐尖，基盘延长，两侧密生等长于外稃的丝状柔毛，与无毛的小穗轴相连接处具明显关节，成熟后易自关节上脱落；内稃两脊粗糙；雄蕊 3 枚，花药黄色。颖果。花果期 5~9 月。生于江河湖泽、池塘沟渠沿岸和低湿地。

瘦脊伪针茅 *Pseudoraphis spinescens* var. *depauperata*

🌾禾本科 Gramineae　　🔵伪针茅属 *Pseudoraphis*

多年水生草本。秆细弱，蔓延且多分枝。叶片较短小。圆锥花序基部包藏于叶鞘内，分枝多直立，仅 1 枚小穗，第一小花具雄蕊 2 枚。花果期 7~8 月。生于池塘、沟旁和溪边潮湿地。

鹅观草 *Roegneria kamoji*

🌿 禾本科 Gramineae　🌸 鹅观草属 *Roegneria*

多年生草本。秆直立或基部倾斜。叶鞘外侧边缘常具纤毛；叶片扁平。穗状花序，小穗绿色或带紫色，颖先端锐尖至具短芒；外稃披针形，具有较宽的膜质边缘，背部以及基盘近于无毛或仅基盘两侧具有极微小的短毛，上部具明显的 5 脉，脉上稍粗糙；第一外稃先端延伸成芒，芒粗糙，劲直或上部稍有曲折，内稃约与外稃等长，先端钝头，脊显著具翼，翼缘具有细小纤毛。花期 5~7 月，果期 7~9 月。生于山坡和湿润草地。

金色狗尾草 *Setaria glauca*

禾本科 Gramineae　狗尾草属 *Setaria*

　　一年生草本。秆直立或基部倾斜膝曲，近地面节可生根。叶鞘下部扁压具脊，上部圆形，光滑无毛，边缘薄膜质，光滑无纤毛；叶片线状披针形或狭披针形。圆锥花序紧密呈圆柱状或狭圆锥状；第一颖宽卵形或卵形，第二颖宽卵形；外稃革质，等长于第一外稃；先端尖，成熟时，背部极隆起，具明显的横皱纹；鳞被楔形；花柱基部联合。花果期 6~10 月。生于林边、山坡、路边和荒芜的园地及荒野。

狗尾草 *Setaria viridis*

禾本科 Gramineae ● 狗尾草属 *Setaria*

　　一年生草本。根为须状，高大植株具支持根。秆直立或基部膝曲。叶鞘松弛，无毛或疏具柔毛或疣毛，边缘具较长的密绵毛状纤毛；叶舌极短，叶片扁平。圆锥花序紧密呈圆柱状，主轴被较长柔毛；第一颖卵形、宽卵形，第二颖几与小穗等长，椭圆形；第一外稃与小穗第长，先端钝，其内稃短小狭窄，第二外稃椭圆形，顶端钝，边缘内卷，狭窄；鳞被楔形，顶端微凹；花柱基分离。颖果灰白色。花果期5~10月。生于荒野或路旁。

大油芒 *Spodiopogon sibiricus*

🌾 禾本科 Gramineae ⊕ 大油芒属 *Spodiopogon*

多年生草本。秆直立。叶鞘大多长于其节间，无毛或上部生柔毛，鞘口具长柔毛；叶舌干膜质，截平。圆锥花序，主轴无毛，腋间生柔毛；分枝近轮生，下部裸露，上部单纯或具2小枝；第一颖草质，顶端尖，脉粗糙隆起，脉间被长柔毛，边缘内折膜质，第二颖与第一颖近等长，顶端尖或具小尖头一；雄蕊3枚，第二小花两性，外稃稍短于小穗，无毛。颖果棕栗色，胚长约为果体之半。花果期7~10月。生于山坡、路旁林阴之下。

菰 *Zizania latifolia*

禾本科 Gramineae　菰属 *Zizania*

　　多年生草本。须根粗壮。秆高大直立，基部节上生不定根。叶鞘长于其节间，肥厚，有小横脉；叶舌膜质，顶端尖；叶片扁平宽大。圆锥花序分枝多数簇生；雄小穗两侧压扁，着生于花序下部或分枝之上部，雄蕊6枚；雌小穗圆筒形，着生于花序上部和分枝下方与主轴贴生处。颖果圆柱形，胚小形。花果期6~8月。生于水边或湿地附近。常栽培。

东北南星 *Arisaema amurense*

天南星科 Araceae　　天南星属 *Arisaema*

多年生草本。块茎小，近球形。鳞叶2枚，线状披针形，锐尖，膜质，紫色；叶片鸟足状分裂，裂片5枚，倒卵形、倒卵状披针形或椭圆形，先端短渐尖或锐尖，基部楔形。佛焰苞管部漏斗状，白绿色；肉穗花序单性；雌花序短圆锥形。浆果红色。种子4枚，红色，卵形。肉穗花序轴常于果期增大，果落后紫红色。花期5月，果于9月成熟。常见于林下和沟旁。

虎掌 *Pinellia pedatisecta*

🌿 天南星科 Araceae　🌱 半夏属 *Pinellia*

多年生草本。块茎近圆球形，直径可达4cm，根密集，肉质；块茎四旁常生若干小球茎。叶1~3枚或更多，叶柄淡绿色，下部具鞘；叶片鸟足状分裂，裂片6~11枚，披针形，渐尖，基部渐狭，楔形。佛焰苞淡绿色，管部长圆形，檐部长披针形，锐尖；肉穗花序；花序直立；附属器黄绿色，细线形。浆果卵圆形，绿色至黄白色，小，藏于宿存的佛焰苞管部内。花期6~7月，果期9~11月。生于山谷林下或河谷阴湿处。

半夏 *Pinellia ternata*

天南星科 Araceae 半夏属 *Pinellia*

多年生草本。块茎圆球形，具须根。叶 2~5 枚，有时 1 枚；叶柄基部具鞘；幼苗叶片卵状心形至戟形，为全缘单叶；老株叶片 3 全裂，裂片绿色，背淡，长圆状椭圆形或披针形，两头锐尖。佛焰苞绿色或绿白色，管部狭圆柱形；肉穗花序。浆果卵圆形，黄绿色，先端渐狭为明显的花柱。花期 5~7 月，果于 8 月成熟。常见于草坡、荒地、玉米地、田边或疏林。

浮萍 *Lemna minor*

▣ 浮萍科 Lemnaceae　　◉ 浮萍属 *Lemna*

　　飘浮草本植物。叶状体对称，表面绿色，背面浅黄色或绿白色或常为紫色，近圆形，倒卵形或倒卵状椭圆形，全缘。根冠钝头，根鞘无翅。叶状体背面一侧具囊，新叶状体于囊内形成浮出，随后脱落。雌花具弯生胚珠 1 枚。果实无翅，近陀螺状。种子具突出的胚乳并具 12~15 条纵肋。生于水田、池沼或其他静水水域，形成密布水面的飘浮群落。

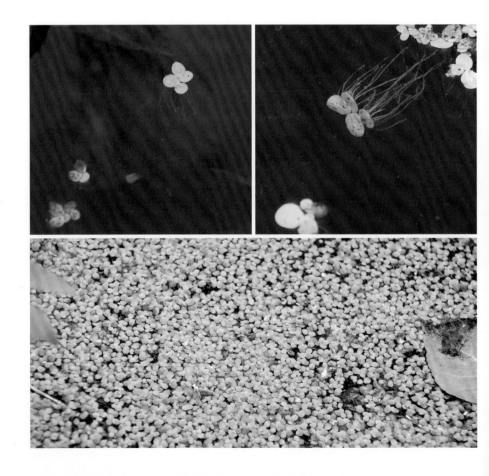

黑三棱 *Sparganium stoloniferum*

🌿 黑三棱科 Sparganiaceae ⊕ 黑三棱属 *Sparganium*

　　多年生水生或沼生草本。块茎膨大；根状茎粗壮。茎直立，粗壮，挺水。叶片具中脉，上部扁平，下部背面呈龙骨状突起，或呈三棱形，基部鞘状。圆锥花序。果实长，倒圆锥形，上部通常膨大呈冠状，具棱，褐色。花果期 5~10 月。生于湖泊、河沟、沼泽、水塘边浅水处。

香蒲 *Typha orientalis*

香蒲科 Typhaceae　　香蒲属 *Typha*

多年生水生或沼生草本。根状茎乳白色；地上茎粗壮，向上渐细。叶片条形，光滑无毛，上部扁平，下部腹面微凹，背面逐渐隆起呈凸形，横切面呈半圆形；叶鞘抱茎。雌雄花序紧密连接；雄花序轴具白色弯曲柔毛；雌花序基部具 1 枚叶状苞片，花后脱落。小坚果椭圆形至长椭圆形；果皮具长形褐色斑点。花果期 5~8 月。生于湖泊、池塘、沟渠、沼泽中。

青绿薹草 *Carex breviculmis*

莎草科 Cyperaceae　⊕薹草属 *Carex*

多年生草本。根状茎短。秆丛生，纤细，三棱形，上部稍粗糙，基部叶鞘淡褐色，撕裂成纤维状。叶短于秆，平张，边缘粗糙，质硬；小穗2~5个。果囊近等长于鳞片，倒卵形，钝三棱形，膜质，淡绿色，具多条脉，上部密被短柔毛；小坚果紧包于果囊中，卵形，栗色，顶端缢缩成环盘。花果期3~6月。生于山坡、草地、路边、山谷、沟边。

细叶薹草 *Carex duriuscula* subsp. *stenophylloides*

莎草科 Cyperaceae　薹草属 *Carex*

多年生草本。根状茎细长。秆纤细，平滑，基部叶鞘灰褐色，细裂成纤维状；短于秆，内卷，边缘稍粗糙；苞片鳞片状；穗状花序卵形或球形，小穗 3~6 个，卵形，密生。雌花鳞片宽卵形，锈褐色，边缘及顶端为白色膜质；囊较大，平凸状，革质，锈色或黄褐色，成熟时稍有光泽，两面具多条脉，基部近圆形，顶端渐狭成较长的喙。小坚果稍疏松地包于果囊中，近圆形或宽椭圆形。花果期 4~6 月。生于草原、河岸砾石地或沙地。

溪水薹草 *Carex forficula*

莎草科 Cyperaceae　　薹草属 *Carex*

　　多年生草本。根状茎短。秆紧密丛生，三棱形，粗糙，基部叶鞘无叶片，黄褐色，明显细裂成网状。叶与秆等长或稍长于秆，平张，边缘反卷，绿色。苞片叶状，短于花序，基部无鞘。小穗 3~5 个，花密生；雌花鳞片披针形或长圆形，长约 3mm，暗锈色或紫褐色，中部绿色，具 3 脉，延伸成粗糙短尖。果囊长于鳞片，压扁双凸状，黄绿色。小坚果紧包于果囊中，卵形或宽倒卵形，近双凸状。花果期 6~7 月。生于林下、溪边或潮湿处。

点叶薹草 *Carex hancockiana*

莎草科 Cyperaceae　⊕ 薹草属 *Carex*

多年生草本。根状茎短，具短匍匐茎。秆丛生，三棱形，基部叶鞘无叶片。叶片平张，边缘粗糙，背面密生小点。苞片叶状，长于花序，无鞘；小穗 3~5 个，顶生 1 个雌雄顺序，圆柱形；小穗柄纤细；侧生小穗雌性，长圆形；雌花鳞片卵状披针形，紫褐色，边缘具宽的白色膜质，脉 3 条。果囊长于鳞片；小坚果倒卵形，三棱形。花果期 6~7 月。生于林中草地、水旁湿处和高山草甸。

翼果薹草 *Carex neurocarpa*

莎草科 Cyperaceae　薹草属 *Carex*

　　根状茎短，木质。秆丛生，全株密生锈色点线，粗壮，扁钝三棱形，平滑，基部叶鞘无叶片，淡黄锈色。叶边缘粗糙，先端渐尖。小穗多数，卵形，穗状花序紧密，呈尖塔状圆柱形；雄花鳞片长圆形，锈黄色；雌花鳞片卵形，顶端急尖，具芒尖，锈黄色，密生锈色点线。果囊长于鳞片；小坚果疏松地包于果囊中，卵形，淡棕色，顶端具小尖头。花果期 6~8 月。生于水边湿地或草丛中。

宽叶薹草 *Carex siderosticta*

莎草科 Cyperaceae ● 薹草属 *Carex*

　　根状茎长。花茎近基部的叶鞘无叶片，淡棕褐色，营养茎的叶长圆状披针形，中脉及 2 条侧脉较明显，上面无毛，下面沿脉疏生柔毛；花茎苞鞘上部膨大似佛焰苞状；雄花鳞片披针状长圆形，先端尖，两侧透明膜质，中间绿色，具 3 条脉；雌花鳞片椭圆状长圆形至披针状长圆形，先端钝，两侧透明膜质，中间绿色，具 3 条脉，遍生稀疏锈点。小坚果紧包于果囊中，椭圆形。花果期 4~5 月。生于针阔叶混交林或阔叶林下或林缘。

具芒碎米莎草 *Cyperus microiria*

莎草科 Cyperaceae　　莎草属 *Cyperus*

　　一年生草本。秆丛生，锐三棱形，平滑，基部具叶。叶短于秆，平张，叶鞘红棕色，表面稍带白色；叶状苞片 3~4 枚，长于花序。长侧枝聚伞花序复出或多次复出，稍密或疏展，具 5~7 个辐射枝；穗状花序卵形或宽卵形，具多数小穗；鳞片排列疏松，宽倒卵形，麦秆黄色或白色，背面具龙骨状突起，脉 3~5 条。小坚果倒卵形，几与鳞片等长，深褐色，具密的微突起细点。花果期 8~10 月。生于河岸边、路旁或草原湿处。

扁秆藨草 *Scirpus planiculmis*

莎草科 Cyperaceae ● 藨草属 *Scirpus*

具匍匐根状茎和块茎。秆较细，三棱形，平滑，靠近花序部分粗糙，基部膨大。叶扁平，向顶部渐狭，具长叶鞘。聚伞花序短缩成头状；小穗卵形或长圆状卵形，锈褐色，具多数花；鳞片膜质，长圆形或椭圆形，褐色或深褐色，外面被稀少的柔毛，具芒。小坚果宽倒卵形。花期 5~6 月，果期 7~9 月。生于湖、河边近水处。

水葱 *Scirpus validus*

🌿 莎草科 Cyperaceae 🌼 藨草属 *Scirpus*

匍匐根状茎粗壮秆高大，圆柱状，高 1~2m，平滑，基部具 3~4 个叶鞘。叶片线形。苞片 1 枚，直立，钻状，常短于花序；长侧枝聚伞花序简单或复出，假侧生；辐射枝一面突起一面凹陷，边缘有锯齿；小穗单生或 2~3 个簇生于辐射枝顶端，卵形或长圆形，顶端急尖或钝圆，具多数花；鳞片椭圆形或宽卵形，棕色或紫褐色，背面有铁锈色突起小点，边缘具缘毛；下位刚毛 6 条，有倒刺。小坚果。花果期 6~9 月。生于湖边或浅水塘中。

二叶舌唇兰 *Platanthera chlorantha*

兰科 Orchidaceae　　舌唇兰属 *Platanthera*

　　草本。块茎卵状纺锤形，肉质；茎直立，无毛，近基部具 2 枚彼此紧靠、近对生的大叶，在大叶之上具 24 枚变小的披针形苞片状小叶。基部大叶片椭圆形或倒披针状椭圆形，先端钝或急尖，基部收狭成抱茎的鞘状柄。总状花序具 12~32 朵花；花较大，绿白色或白色；中萼片直立，舟状，圆状心形；花瓣直立，偏斜，狭披针形；唇瓣向前伸，舌状，肉质；距棒状圆筒形，水平或斜的向下伸展，稍微钩曲或弯曲。花期 6~8 月。生于山坡林下或草丛中。

中文名索引

页码字体加粗的中文名是异名。

拉丁名索引

图书在版编目（CIP）数据

天津山区野生植物图鉴 / 赵国明主编. -- 北京 : 中国林业出版社, 2016.9
ISBN 978-7-5038-8696-6

Ⅰ. ①天… Ⅱ. ①赵… Ⅲ. ①野生植物－天津－图谱
Ⅳ. ①Q948.522.1-64

中国版本图书馆CIP数据核字(2016)第214697号

中国林业出版社·生态保护出版中心
责任编辑　李敏

出　　版　中国林业出版社（100009 北京市西城区德胜门内大街刘海胡同 7 号）
网　　址　http://lycb.forestry.gov.cn
发　　行　中国林业出版社
电　　话　(010) 83143575
印　　刷　北京卡乐富印刷有限公司
版　　次　2016 年 10 月第 1 版
印　　次　2016 年 10 月第 1 次
开　　本　880mm×1230mm　32 开
印　　张　18
字　　数　484 千字
定　　价　146.00 元